石化产品配送区域划分与油库选址调整的优化解决方案研究

白冰　杨洋　李潇峥　著

清华大学出版社

北京交通大学出版社

·北京·

图书在版编目（CIP）数据

石化产品配送区域划分与油库选址调整的优化解决方案研究 / 白冰，杨洋，李潇峥著 . —北京：北京交通大学出版社：清华大学出版社，2020.6

ISBN 978-7-5121-4211-4

Ⅰ . ①石… Ⅱ . ①白…②杨…③李… Ⅲ . ①石油化工－化工产品－物资配送－关系－油库－选址－研究 Ⅳ . ① TE83 ② TE972

中国版本图书馆 CIP 数据核字（2020）第 087119 号

石化产品配送区域划分与油库选址调整的优化解决方案研究

SHIHUA CHANPIN PEISONG QUYU HUAFEN YU YOUKU XUANZHI
TIAOZHENG DE YOUHUA JIEJUE FANGAN YANJIU

责任编辑：许啸东

出版发行：清华大学出版社　　　邮编：100084　　电话：010-62776969　　http://www.tup.com.cn
　　　　　北京交通大学出版社　邮编：100044　　电话：010-51686414　　http://www.bjtup.com.cn
印 刷 者：北京鑫海金澳胶印有限公司
经　　销：全国新华书店
开　　本：185mm×260mm　　　印张：13　　　字数：325千字
版 印 次：2020年6月第1版　　2020年6月第1次印刷
定　　价：49.00元

本书如有质量问题，请向北京交通大学出版社质监组反映。对您的意见和批评，我们表示欢迎和感谢。
投诉电话：010-51686043，51686008；传真：010-62225406；E-mail：press@bjtu.edu.cn。

前　言

随着经济全球化的进一步加强，石化行业在经济领域中的一体化整合与竞争不断加强，尤其是运输与贮存的过程变得更加透明和垄断。为了进一步在竞争中突显优势，石化企业不仅要保持其自身已有的竞争优势，更需要将正确的方法用于其产品的运输与贮存。为了达到这个目的，各种各样的物流优化方法经过不断调整和改善，被运用在其产品的运输过程与贮存阶段。一般来说，物流优化方法的成功与否直接取决于运输成本和运输距离是否减少。同时，在运输和贮存过程中，各种污染物的排放等因素都将作为判定该物流优化方法的决定性指标。

由于各产油国不稳定的政治因素，从国际角度来说，国家间很难对石化产品的运输和贮存进行调整与优化。但在一个国家内部，尤其是进口国范围内，由于一些不可控因素无法直接作用于物流本身，所以石化产品的运输和贮存从技术的角度则更容易被优化和调整。因此，石化产品的主要物流部分（一次物流与二次物流）将作为物流供应链的主要运输部分，按照学术和技术的方法被最大限度地优化。

对于石化产品的进口国来说，石化产品进口之后，物流一般划分为三个阶段：一次物流、二次物流和三次物流。根据物流阶段的重要性，研究区域将按照最优的方法被划分。同时，在各个区域中，最优的油库位置也将被逐一计算出并做细微的调整。

在本书的最后，所有优化的成果都将通过仿真模拟量化的形式呈现。书中所有数据都根据现实运输和仓储收集。

本书由浙江科技学院的白冰、李潇峥和北京经济管理职业学院的杨洋共同完成，白冰主要负责该书中研究内容的成果衍生链接、理论研究和算法设计；杨洋主要负责成果检验、数据收集和算法验证等；李潇峥主要负责数据筛选、程序纠错及其他相关问题的二次复核等。该书的出版和其中主要技术的研发由浙江省科学技术厅"一带一路"国际科技合作项目（项目编号：2019C04025）和湖州市政府"南太湖精英计划"领军型创新团队项目赞助支持。本书的内容由浙江省科学技术厅"一带一路"国际科技合作项目中浙江—德国（中源）家居行业智能无人仓储技术研究中心关于智能仓中AGV充电优化位置及一、二、三级仓储优化位置研究成果衍生而来，并成功应用于石化行业中油库位置的再优化与其他相关性可持续运行，其在智能无人仓中的研究成果已应用于其他多个相近行业并不断被多样化使用。

目　　录

第 1 章　绪论

进入21世纪后，能源的竞争进入新的阶段，而新阶段中人类对能源的需求量比以往更大。在此竞争中，为了确保其竞争优势，许多相关的运输企业、货运代理商及跨国物流企业已将其相关的石化供应链进行多次整合和优化。事实上，石化供应链的优化从很多年前就开始了。然而，传统的优化方法和理念很难持续降低现阶段的运输成本。针对以上问题，本书按照石化产品现有的运输过程和步骤，经过精确的计算，衍生出新的供应链分配和运输优化方法。该方法从技术物流的角度来说是一种专业的物流优化理念，对此，为了确保石化产品物流的稳定性，一系列影响因素将逐一被计算和优化，如影响因素的确立、配送区域的划分、油库选址的调整等。经过以上优化方法的检验，石化产品的运输成本和运输时间在所有运输过程中将得到尽可能的降低。根据石化产品运输的特点，石化产品的物流过程需要根据不同的运输过程来分级。同时，这些被分级的运输过程都将按照常规的办法和仿真模拟的办法来计算和评估。本书主要研究集中在从炼油厂到城镇间汽油和柴油的运输以及它们的整体供应链的配送优化方案。

值得注意的是，石化产品一般都有非常高的运输成本和很长的贮存时间，这些因素也是石化供应链可以优化的主要部分。在这个过程中，最重要的部分就是油库，因为油库就像一座桥梁可以连接炼油厂和最终用户，一个正确位置的油库可以大幅度提升石化产品的运输效率。

由于书中所研究的区域是德国两个典型的工业区，所以石化产品的统计数据均来自德国统计局、德国机动车管理局和其他协会所发表的文献。此外，按照此种研究方法得到的优化方案同样可以被应用在与石化产品运输特点相似的工业产品上。

1.1　背景和动机

随着许多发展中国家和发达国家经济快速增长，其对石油的依赖性更加增强。一般来说，石油的价格由两方面因素决定：不可控因素和可控因素。不可控因素是指由战争、灾难、骚乱等其他不可控因素或偶然因素造成的后果所引起的价格影响因素。根据其特性，这些不可控因素造成的价格影响很难被预测和计算。可控因素一般是由运输过程中所有的相关因素决定的，其运输的距离和贮存的位置一般可以通过一定的选择和一定的规律来计算和优化。运输过程一般由两部分组成：国外运输和国内运输。国外运输一般指从产油国到进口国原油的运输和进口过程。从开采至进口，炼油厂一般都将作为国外运输的最后一站。由于油井和炼油厂的位置一般都是确定的，所以国外运输过程的优化可能性非常小。由于决定炼油厂位置的主要出于战略考虑，而不是运输距离和成本。因此，一般炼油厂的位置对物流来说并不是最优化的。此外，在国外运输过程中，还存在许多不确定的其他因素，如国际环境和经济因素等。综合来看，国内运输优化的可能性则更大。因此，油库的位置在运输过程中显得尤为重要。通过油库位置的调整，可以使整个石化供应链的运行更为顺畅。

本书将先对石化供应链的运输特征进行定义和描述，然后对所有影响油库位置的因素通过程序的方法进行分析，最后所有被优化的结果都将通过不同的评估标准运用仿真的方法来展示。

1.1.1　石化工业和石化物流的发展趋势

经济增长率和能源消耗百分比是判定能源消耗率的主要因素。1950—1970年全世界的经济增长率为100.2%，能源消耗百分比为97.5%；而1979—1996年全世界的经济增长率和能源消耗百分比分别为49.4%和13.9%。因此，可以得出1950—1970年的年平均经济增长率为3.53%；1979—1996年的年平均经济增长率为1.50%。为了使以上数据更容易被理解和比较，一般可以通过能源消耗系数来表示以上数据：

$$能源消耗系数 = \frac{能源消耗}{经济增长率} \qquad (1-1)$$

从式（1-1）可以得出，1950—1970年和1979—1996年的能源消耗系数分别为0.97和0.28。这些数据表明在整段时间内能源消耗和经济增长的比率不成比例增长，其经济增长的趋势需要一个相对低的能源消耗，其主要原因是能源的利用率随着技术的发展而提高。此外，1985—1995年的原油消耗增长只有1950—1970年的五分之一。这些数据表明，经济的增长速度和能源消耗成反比。

随着新油矿的发现与新生产方式的应用，世界范围内传统石油的储藏量还将长时间大量存在并被开采。而相对于原油的消耗，其他可代替能源的使用非常少。石化产品的生产和运输成本决定着原油的发展趋势。按照石油开采成本与可代替能源研制成本之间关系的预测：石油消耗的终结并不是石油资源开采的枯竭，而是石化产品生产和运输的总成本大于其他代替能源的生产和运输总成本。

世界上大多数国家都面临着严峻的环境和污染问题，石化产品的使用将在未来逐步被绿色能源所替代，如太阳能和核能等，但这个替代过程也将是一个较为漫长的过程。根据预测，石化产品的使用至少要到2050年。因此，汽油和柴油将作为石化产品的主要产品为经济的发展面长期存在。世界范围内潜在石油储藏量和开采的预测发展趋势如下。

（1）世界范围内大概有100个未被勘探的偏远沉积盆地，这些沉积盆地的石油储藏量巨大。根据已探明石油储藏量，表1-1列出世界前15位产油国的石油储量与消耗。

（2）已探明石油储量仍然非常高。石油输出国组织OPEC成员国在中东地区和海湾地区的石油储量仍然很大。截至2013年，仅石油输出国组织OPEC成员国总储量就有大约1.20617万亿桶。为了量化已有石油的开采年限，石油储量生产比率作为一个指标来衡量不可再生能源的耗尽时间，此比率是通过一定时间内石油的储量和规定时间内石油的开采量之比来确定其开采年限的。其公式为：

$$石油储量生产比率 = \frac{一定时期内石油的储量}{一定时期内石油的开采量} \qquad (1-2)$$

根据式（1-2）可以得出未来石油的可用年限。通过计算得出，到2003年世界范围内石油储量仍然可用41年；到2006年，世界范围内石油储量可用40.5年。中东地区2005—2007年的石油储量使用年限从79.5年增加到82.2年。在亚洲太平洋范围内，石油储量使用年限2005—2007年由13.8年增加到14.2年。从以上数据可以看出，各个地区的石油储量生产比率和储量使用年限都在增加。其增加的主要原因是由于石化产品供应链的优化和运输技术发展。

表 1-1　世界前 15 位产油国的石油储量与消耗　　　　单位：十亿桶

排名	国家	储量	份额	产量/天	消耗/天	出口
1	沙特阿拉伯	262.6	17.85%	9.05	2.640	147
2	委内瑞拉	211.2	14.35%	2.52	746	759
3	加拿大	175.2	11.91%	3.50	2210	2320
4	伊朗	137.0	9.31%	3.58	1850	0
5	伊拉克	115.0	7.82%	2.67	694	403
6	科威特	104.0	7.07%	2.21	354	145
7	阿联酋	97.8	6.65%	2.50	545	10
8	俄罗斯	60.0	4.08%	10.58	2200	275
9	利比亚	44.3	3.15%	0.46	289	71
10	尼日利亚	37.2	2.53%	2.18	279	529
11	哈萨克斯坦	30.0	2.04%	16.1	249	21
12	卡塔尔	25.38	1.72%	0.82	166	16
13	美国	20.68	1.41	8.1	19.150	－
14	中国	14.8	1.01%	4.13	9.060	8
15	巴西	12.86	0.87%	2.19	2.650	163

（3）非常规油田未被大规模开采。非常规油田通常是相对常规油田来定义的。常规油田一般位于岩石层之间，而非常规油田通常位于页岩层。由于技术的原因，非常规石油开采的效率通常相对较低。非常规石油通常可以被提炼和加工成页岩油、沥青和重油等。非常规油田中产生的气可以被提炼和

加工成煤气、页岩气和天然气等。据统计，截至2010年，美国拥有非常规油田40 000座。

图1-1为1900—2100年常规油田的历史统计数据与未来预测数据。

从图1-1中可以发现，2005—2010年，随着经济的快速发展，世界范围内石油消耗已经达到顶峰，石油的储量几乎不能满足消耗的需求。此外，到2070年左右，石油消耗的需求已远远超出已探明的储量。之后，石油将慢慢枯竭。

图 1-1　1900—2100 年常规油田的历史统计数据与未来预测数据

注：1.常规油田最大预测产量为7.45千亿桶。
　　2.生产能力为4.85千亿桶。
　　3.截至2010年，已探明储量为1.4千亿桶。
　　4.需求预测增长率为1.2%，约为1.41千亿桶。
　　5.此处未探明储量仅指常规油田。

1.1.2　动机

1.优化的空间较大

从学术的角度来看，石化产品的运输供应链仍有较大的优化空间。如石化产品在炼油厂、油库和加油站之间的运输中，仍有较大的潜在优化空间去提升。所有节点的位置、运输和仓储都有较大的优化和调节空间。

2.参考文献较少

目前为止，相对其他研究对象，石化产品运输供应量的研究和参考文献较少。石化产品的一次物流、二次物流和三次物流几乎没有被明确提出和划分。

同时，所有其中面临的问题也是首次通过技术物流的方法被优化。此外，石化产品运输的优化结果也是首次通过仿真模拟的手段被调试和展示。

3.调查问卷

根据作者已做的调查问卷，证明石化产品供应链的主要问题出在一次物流和二次物流之间。该调查问卷是通过36个石化企业的高级管理者得出。该调查问卷统计结果如图1-2所示。

图1-2通过调查问卷的形式展示了石化产品运输供应链中的各种问题。显而易见，其主要问题存在于一次物流和二次物流之间。其中，一次物流和二次物流占比分别为24%和29%，其占比达到总百分比的53%。此外，这些主要问题具体表现在四个方面：油库选址、运输道路的占用、配送时间和油库占用率。其中，油库选址是一次物流和二次物流的主要优化节点，因为油库的位置相当于联系一次物流和二次物流的桥梁。所以，本书直接将油库的选址分为两个部分进行优化：运输区域的划分和油库选址的调整。随着油库位置优化与调整，其他方面的问题也同时被解决。此外，其他问题如"从炼油厂到加油站的整合""油库的划分和仓储""油库中运输和仓储的优化""运输问题""仓库管理""生产和需求之间的关系"等，都是由一次物流和二次物流的问题衍生出来的。所以，配送的划分和油库的选址将作为本书的主要目标被确立，这也是本书的主要编写动机。

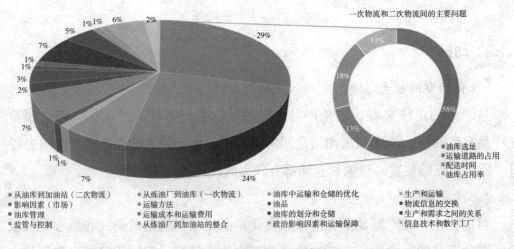

图 1-2　调查问卷统计结果

1.2 石化产品一次物流、二次物流与三次物流的定义

本书将针对石化产品在运输中的特点和功能首次对其一次物流、二次物流与三次物流做出明确的定义。通常，石化产品进口后会根据运输过程的特点，主要分为一次物流和二次物流。一次物流包括所有石化产品从炼油厂到油库的运输过程。原油在被进口后，一般会被配送至各个炼油厂进行提炼和加工。之后，所有被加工的石化产品会通过不同的站点被运送至下一级油库，这一过程通常通过批发的形式进行。此过程一般在国家与国家、省与省、区域与区域之间进行，其主要运输手段是内河航运、铁路运输和管道运输。图1-3为石化产品一次物流的主要运输过程。

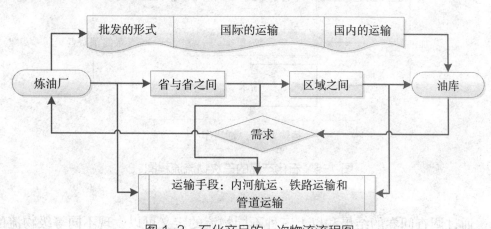

图 1-3 石化产品的一次物流流程图

与一次物流相比较，二次物流相对比较复杂。二次物流的终点站是各个城镇的加油站。由于加油站的数量非常大且分布非常广，导致其运输路线和运输计划可变性很大。因此，相对加油站来说，油库位置的稳定性相对较强。此外，二次物流的交易一般可以通过批发和零售两种方式进行。图1-4为二次物流的流程图。随着越来越多种类的石化产品被加工和衍生，不同种类的最终消费者也随之被细分。石化产品的三次物流的主要对象就是不同种类的最终消费者。三次物流的运输过程主要是从加油站（或直接从炼油厂）到最终消费者（或石化产品的加工企业）。该运输一般在配送区域和城镇间进行，其交易一

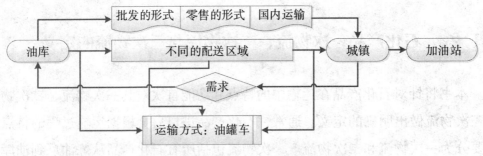

图 1-4　石化产品的二次物流流程图

般是通过零售的形式进行，其运输方式一般只通过油罐车，交易量通常小于石化产品的一次物流和二次物流。图1-5为石化产品的三次物流。

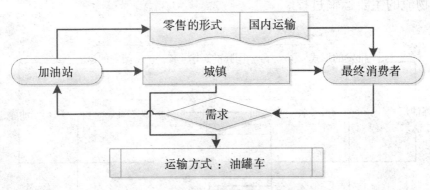

图 1-5　石化产品的三次物流流程图

通过调查问卷的结果和以上三种不同物流的定义可以发现不同等级物流的优化重点，所有需要被优化的重点将通过程序和仿真的形式逐一被解答。

1.3　石化产品物流优化的出发点

根据以上调查问卷显示的数据可知，石化产品运输的大部分问题主要出现在一次物流和二次物流的衔接处。油库的选址是石化产品供应量中最重要的节点，一个正确的油库选址可以使其整个运输成本和运输距离大大缩短。但是油库选址位置的主要影响因素是什么，就需要通过一定的技术方法来确定。同时，油库的选址问题也是世界范围内的一个待解决的问题。为了使油库的选址从炼油厂到加油站达到最优，本书将对优化方案进行进一步的升级和优化。

关于石化产品的物流问题，其实并不只涉及石化主产品自身，其衍生产品包括类似特性产品的运输过程，同样可以参照此优化。因此，石化主产品的运输优化过程及结果作为成功案例被展示，并且其具体优化方法可以同时被应用在其他相似特性的产品上。

1.4　本书的结构

本书共分为七章。1–2章主要介绍优化对象的背景、动因、定义、目标设置和与其相关的文献资料。第3章主要分析区域划分和油库选址的主要影响因素。此外，一些相关因素（如石化产品的需求）将通过数学的方法（线性回归）被检测。这些被检验的影响因素将在第4章中通过一系列程序的办法（运输数量作为权重加距离），对油库的选址起作用。第5章将两个典型案例作为实验被计算和检测。所有被优化的部分将通过仿真模拟的形式在第6章中被量化展示。通过仿真模拟的数据比较可以发现，通过油库的选址优化，最终有多少成本和距离等可以被减少和优化。此外，通过仿真模拟比较的办法，还可以对整个石化产品运输格局的稳定性和可行性做整体性分析。最后，第7章将对本书做整体性总结，并指出本书所介绍优化方法的相关应用领域。

第 2 章　预备阶段

本章将对石化产品运输供应链的主要问题做进一步分析，同时，所有重要相关文献资料及研究也会在此列举、分析。

2.1　石化产品物流的问题

石化产品在运输过程中的问题不仅出现在其运输过程本身，还会出现在其各种各样的管理和仓储过程中。运输速度、运输成本、仓储时间、道路占用等一系列物流相关问题都是石化产品物流可以优化的部分。石化产品在运输和仓储中的主要问题包括以下几方面。

（1）现有运输状况是否能满足不断变化的需求？

（2）现有实际区域划分是否合理？

（3）如何根据现有情况对区域进行最优化划分？

（4）区域划分的主要影响因素是什么？

（5）哪些类型的城镇应该被划分到一个配送区域？

在一个确定的区域中，如果有计划地对石化产品进行运输，首先必须对不同的配送区域进行划分，如果将石化产品从炼油厂直接运输至加油站，这段运输距离是不确定的，其运输成本可能非常高。在实际运输过程中，通过一个合理的区域划分和一个合理的油库选址方案，可以使配送的实际效果（距离和成本）达到最优。其中，区域的划分和油库的选址主要是按照城镇间的地理特征进行的。因此，实际的配送区域都受不同因素的影响，其中有些影响因素起着决定性作用。另外，在已划分的区域中，按照石化产品的运输特点，运输路径可以更大限度地被优化，也就是说，所有石化产品从炼油厂到加油站的运输路径都会最大限度地被减少。

为了使以上优化方法更真实、准确地显示出来，两种最典型的石化产品运输情况将在后面的章节被模拟，所有计算及优化都将根据真实数据得出。最后，随着两种运输情况的优化，石化产品运输中各种不稳定的因素也会随之解决。

2.2　目标规划

本书的主要目标是根据石化产品在运输和仓储过程中产生的主要潜在问题而设定的。为了使这些问题更好地被解决，本书将设定以下几个主要目标：①石化产品配送区域主要影响因素的确定；②石化产品配送区域划分和油库位置调整的方法；③通过仿真的方法计算出准确的优化结果。

2.2.1　石化产品配送区域主要影响因素的确定

在进行配送区域划分之前，最重要的任务就是对其产生影响的主要因素进行确认。只有通过精确的影响因素认定，才能使石化产品的配送区域达到最优。

本书中，各种影响因素的确认都将通过多元线性方法计算和比较。通过计算，只有最相关的影响因素才会被列入区域划分和油库位置调整的影响因素中。

根据实际运输数据和石化产品消耗数据显示，这些变量将作为因变量成为配送区域划分和油库位置影响的最重要变量因素。这些重要的影响因素也将作为之后配送区域划分和油库位置调整的程序编写依据。

2.2.2　石化产品配送区域划分和油库位置调整的方法

配送区域划分和油库位置调整的方法将作为本书的主要部分被具体阐述。具体优化程序分为三个主要步骤。第一，所有两个城镇之间的运输距离都将通过MATLAB矩阵的形式被精确计算。第二，油库的某个位置将通过到所有城镇距离最近的点被确立。此外，各个城镇的油耗将作为权重被输入。然后，油库的位置会根据不同城镇间的距离和油耗进行多次调整和推移。第三，通过城镇间实际距离进行更精确的配送区域划分和油库位置优化调整（如根据河道、港口和火车站等节点）。所有优化方法最主要的目的是对一定的区域进行最合理的划分和对油库的位置进行最优的调整。最后，各种传统的评估测试将对优化的结果进行量化分析。

2.2.3 通过仿真的方法计算出准确的优化结果

配送区域的划分和油库位置的调整结果将通过仿真模拟的方法被评估。所有运输结果都将通过仿真的方法借助仿真模拟软件"DOSIMIS-3"进行评估分析，以此对石化产品运输供应链进行优化确认。通过仿真评估，可以使所有运输步骤都通过目标指向型的仿真进行分析，与其相关的评估分析结果也会以步骤形图例量化的形式表现出来。此外，在仿真模拟中，由于产品运输量的原因，所有一次物流都要通过内河航运和铁路运输的方法运输，所有二次物流都要通过油罐车运输。具体的优化方法将通过程序的方式进行介绍。通过两种典型的运输情况，所有运输步骤在仿真模拟中都将以各种不同的交通运输工具被测试和比较。

2.3 书中的概念和文献

这一部分将对书中供应链和优化分析中涉及的重要概念做定义。此外，所有之前涉及的重要文献和理论分析，也都会在这部分被简单介绍。

2.3.1 物流与供应链的定义和结构

在运输中，供应链是物流的主体结构。本书将通过一套优化方法针对石化产品供应链各个主要环节进行优化。物流和供应链的定义和功能将在接下来的部分具体介绍。

1.物流

由于不同行业内物流的不同特性，至今为止，还没有一个统一的针对供应链的物流定义，即每一个行业都有其自身针对供应链的物流定义。当然，各个行业内对物流的定义也都非常相近，其中最大的区别是在供应链功能方面。

对供应链和供应链管理两个方面进行研究，就需要对一般物流本身进行分析和了解，对此从以下两个方面对物流进行系统阐述。

第一，人们普遍认为物流是从经济发展的方向发展而来的。物流是随着人与人之间协作和贸易关系通过运输和配送一步步发展而来的。这一观点是由美国哈佛大学的Arch W. Shaw在1945年提出的。Arch W. Shaw认为，最早的物流来自货物方面，即"物质方面的配送"。其运输需求和运输供应之间的具体关系就是物流的主要概念。他同时指出，所有日常行为中的缺陷和错误都是由于需求和运输过程中的配合失误所导致的。这就是从经济角度看物流的观点。

第二，与经济角度看物流的观点相对的是James C. Johnson 和 Donald F. Wood 提出的军事物流。军事物流的起源是Major Chauncey B. Baker在1905年提出并定义的。他将物流定义在战场上对军事物资的配给及分发。从军事行动的角度来说，物流可以被定义为材料的配送、人员的运输和物资的分配等。所有物流过程都出现在军事活动的过程中。随着第二次世界大战的结束和经济的恢复，物流的使用范围主要为民用。物流的概念在发展的过程中变得越来越细化。

随着市场条件的不断改变，物流的概念变化更加复杂。同时，随着工业化进程的进一步扩大，物流的概念随着时间的推移也在不断变化。物流一词将根据新技术的发展和优化方法的不断进步，随着每一种产品的需求而不断改变。

表2-1对不同时代具有代表性的物流概念做出比较。

表 2-1 不同时代物流概念的比较

作者	年份	定义
Bernard J. La Londe	1970	物流是一个管理方法的集合体，在这个集合体中，所有物料、半成品和成品都会从制造点被运送至使用地
Donald J. Bowersox	1974	物流是一个管理的过程，在这个过程中，所有的物料、零件和消耗品都会经过不同的公司或企业进行协调，最终通过销售人员，被运送至最终的消费者手里
Luftstreitkräfte	1981	物流是一个配送的学科和一个军事的执行行为。其服务行为涉及所有军事物资运输、人员调动和服务等
ELA	1994	物流是一个为了达到特定目的的日常活动的人员、产品、计划、执行和控制的运输需求
Martha C. Cooper	1997	物流是一个信息管理系统，在这个系统中，所有原料、零件和消耗品的购买、生产和最终的配送都会在其供应链中被执行完成

作者	年份	定义
EXEL	1997	物流是所有原料和商品的生产、仓储和运输通过其供应链有计划地被执行的行为
CLM	2000	物流是一个运输的过程，在这个过程中，为满足所有顾客的需要，所有商品和服务都会通过其相关的信息和高效的计划和手段，从原产地运送至最终消费地
Logistik Ausschuss UN	2002	物流是一个集合过程，在这个过程中，为了满足最终消费者的需求，所有物料、商品和信息的需求、计划、执行行为、控制和管理都会高效地被执行
Christof Schulte	2013	物流是一个在企业与运送商之间、企业与顾客之间的整体物料和信息流的市场指向、综合计划、结构构成和发展控制体

通过表2-1可以清楚地发现，信息、管理、需求、计划、高效等词语近年频频出现。这些词语的使用正是物流近年来发展的方向。Helmut Baumgarten尝试对物流的概念进一步升级。根据物流的特点和功能，得到以下具体描述。物流的分级与发展见表2-2。

表2-2　物流的分级与发展

时间	定义	供应链	特点
20世纪70年代	经典物流	获取，生产，销售	物流的区分
20世纪80年代	横向功能	获取，生产，经营	物流的功能化
20世纪90年代	综合功能	发展，供应，生产，配送，清除	过程链
	企业综合指向型	运送者，生产者，经营者，顾客	利益链
2000—2010年	全球化利润综合指向型	供应链的国际化和全球化	网络工程
2010年至今	供应量的可持续与数字化	可持续发展和环境保护运行的仿真模拟	环保仿真和优化

从表2-2可以发现，从物流的特点和物流的定义来说，每个年代都在不断地改变和进化，与此相关的物流供应链的特点和目标也在不断变化。因此，当前整个物流供应链的整体优化已经变得越来越复杂和具体化。

根据Baumgarten，Darkow和Zadek的理论，物流在进入21世纪后，主要是通过全球化的网络工程进行优化的。在这个快速变化的时代，很多人都认为，物

流的发展已经走到了尽头，但是，由于世界范围内日益严重的污染，从环保的
角度来看，可持续的和数字化的物流将成为本世纪主要的发展方向。

过去的二十年中，仿真模拟的概念及应用也有不同程度的发展。欧美国家
在优化方法的检测阶段，仿真模拟已经成为非常流行的评估方式。

2.供应链

供应链是物流运行最重要的组成部分。一般来说，物流是由各个不同的供
应链阶段所组成的。本书中整个物流供应链由三个主要部分组成：一次物流、
二次物流和三次物流。一个成功的物流供应链的运行必定通过一系列成功的配
合所产生，如生产商、供货商、运输商等所有相关的物流运输参与者。因此，
人们普遍认为最合理的合作形式就是不同运输过程最优化的形式。表2-3为具
有代表性的供应链定义。

根据供应链生产结构的发展，Michael E. Porter在1985年提出供应链管理
的概念，具体描述了供应链管理一般优化的方法。20世纪80年代，Douglas M.
Lambert和Martha C. Cooper将供应链的概念进行更新，随后，物流供应链管理的
应用开始逐步扩大。表2-4列出若干具有代表性的供应链管理概念。

表 2-3　具有代表性的供应链定义

作者	定义
Martin Christopher	供应链就是为最终消费者所提供产品和服务的不同过程和活动
Robert B. Handfield, Ernest L. Nichols	供应链是为最终消费者提供原料加工和与其相关的信息流的活动
美国供应链协会	供应链是成品的生产和运输过程，是从一个运输者到另一个运输者，再从一个顾客到另一个顾客的行为
David Simchi-Levi Philip Kaminsky	供应链一般来说是一个物流网，并由运输者、生产地、仓库、分销中心以及销售点组成。因此，所有原材料、半成品和成品都在上述供应链阶段被运输和分配

供应链管理概念的形成，引起一系列优化方法的进一步发展。供应链管理
的定义指出，其首要目标仍然是追求从生产地到消费地之间运输过程中新创造
价值的最大化。在介绍过物流和供应链管理的定义之后，下一部分将具体对物
流和供应链相关的文献和引用做进一步介绍。

表 2-4 具有代表性的物流供应链管理概念

作者	定义
L. C. Giunipero 和 R. R.Brand	供应链管理是一个有策略的管理方法，其主要目的是为提高顾客满意度、市场竞争力和盈利竞争力
R. Evans 和 A. Danks	供应链管理是一个综合的管理方法，其主要作用是根据实际信息和反馈信息，对物质流和信息流在运输、生产、分配、销售和最终消费等阶段的执行过程进行监督的管理方法
D. Simchi-Levi 和 P. Kaminsky	供应链管理是一系列供应商、生产商、仓库和经营者之间成本最小化的优化方法。通过这种优化方法可以使正确的货物在正确的时间被运送到正确的地点
M. Christopher	供应链管理是供应商和顾客在运输之前和运输之后的一种管理方法。其目的是使其产品和服务的价值达到最高并使成本降到最低
Philip	供应链管理是一种使公司间合作利益达到最大化的策略。其目的是供应链效率最大化。不同公司之间的成功合作最为重要
美国供应链协会	供应链管理是供给与需求、购买与销售、原料与零件、生产与组装、仓储和库存、订单处理和配给运送、运输和配送之间的具体过程的管理
ICCE	供应链管理是一个综合的过程，在这个过程中，所有物质、服务和信息都在商业化的过程中，从不同的供应商被运输到消费者，其目的是达到利润最大化
Fred A. Kuglin	供应链管理是一个在所有供应链间协调的合作过程，其目的是最大限度地满足物质和服务的需求

2.3.2 石化产品物流涉及的文献和引用

由于石化产品物流的运输和仓储的独特性，至今为止，关于其运输的优化方法和文献并不是特别多。石化产品的运输非常依赖于炼油厂位置和消费地的消费量。因此，下面将对近十年来比较有特点的研究文章和书籍做简要分析。

2011年，Andrew Inkpen和Michael H. Moffett对石化产品的运输和仓储过程做了系统的分析报告。两位作者对石化产品的运输瓶颈与建议运输方法做了分析研究。首先，他们对石化产品的运输特点做了理论方面的研究和分析。然后，他们又将炼油厂的选址调整作为最主要的影响因素，特别是对原油的进口和原油的需求预测两个方面做了详细分析和研究。最后，他们还对整个过程中最重要的中转站油库做了其在整个运输过程中的功能分析。

"国际运输论坛"在2008年特别针对现有石化产品运输情况与未来运输供应链之间潜在关系做了阐述，并对石化产品中价格结构体系做了进一步的分析。关于运输成本始终在运输供应链中扮演主要角色的问题,在文章中除了对现今较为流行的石化运输战略和不同运输情况进行描述,还就主要政治策略对石化产品在运输过程中的价格结构进行了分析和比较。

2006年,Dunnivant,Frank,Anders和Elliot针对石化产品的运输和选址问题借助PC-PH的仿真模拟器进行了分析研究并额外对在此运输过程中的有害物排放的节能减排进行了建模分析。此外,2004年IEA发表的文章也针对石化产品在运输过程中的环境保护问题进行了系统分析,该文章还针对石化产品运输的情况,对其三十年的发展进行总结,在该文章的后半部分,作者还通过不同的数据和图表非常清楚地对石化产品主要运输方法的趋势做了分析。最后,该文章还对未来石化产品的运输趋势与优化方向做了预测。简单来说,未来石化产品运输发展趋势主要侧重于可持续的运输方式和有害物质与二氧化碳节能减排的基本策略。此外,在国际上一些其他重要会议中,还着重针对未来优化的方法和主要影响因素,特别是对柴油汽车的未来可持续发展进行了系统分析与研究。表2-5简单比较了不同石化产品研究主题趋势。

表 2-5　不同石化产品研究主题趋势

年份	作者	主题趋势
2001	Biennial Asilomar会议	运输结构和可持续运输
2004	国际能源机构(IEA)	排放二氧化碳
2006	Dunnivant M F; Anders E	排放有害物质
2008	国际运输论坛	供应链、价格结构和运输成本
2011	Andrew Inkpen; Michael H. Moffett	运输瓶颈和油库选址位置

以上文献的应用主题趋势反映了过去不同年份实际与主题相关的研究难点。与此相关的研究主题为可持续运输、节能减排、运输供应链、运输成本和选址问题。通过以上文献分析可以发现石化产品运输的主要重点方向。当然,关于石化产品运输供应链的具体优化方法并不是很多,特别是系统地从炼油厂到油库,再从油库到消费地的整体供应链优化。本书将根据以上文献的提示,对石化产品的运输整体供应链进行讨论和优化,并对优化的结果进行量化系统分析。

第3章 石化产品运输的影响因素分析

考虑到不断增加的运输成本与日益复杂的运输结构，影响因素的分类与确定成了石化产品运输中最为重要的组成部分。为了使石化产品供应链的优化方法不断更新，需要用数学的方式证明实际运输中影响石化产品需求和油库仓储选址的主要影响因素。这类主要的影响因素一般都会对配送区域的划分和油库选址的调整产生决定性影响。证明此类影响因素主要是通过多元线性的方法，分析所有影响因素对整体供应链的影响程度，通过量化的方法对其做影响性测评。

3.1　德国燃油的消耗

截至2012年年底，德国共有约5 400万辆机动车，其行驶总里程约为7.2亿km。汽油和柴油为世界范围内的主要燃油消耗产品。图3-1为德国新上牌

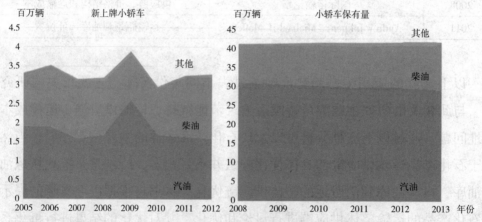

图3-1　德国新上牌小轿车和小轿车保有量的燃油百分比

注：其他——液态气体、天然气、混合动力、充电机动车等。

18

小轿车和小轿车保有量的燃油百分比。

　　图3-1是根据德国境内机动车燃料的种类进行划分的。从2005—2012年的新上牌小轿车和2008—2013年小轿车保有量来看，汽车的燃油使用的仍然是以汽油和柴油为主，到2012年年底，德国境内共有68万辆新能源机动车（占比约1.3%），从图3-1可以发现，新能源汽车的保有量也在稳步增长。但目前来看汽油和柴油仍是德国境内机动车的主要燃料。这意味着汽油和柴油至少在短期或中长期内仍会被作为主要燃料使用，而新能源汽车的广泛应用发展仍需要较长的时间。

3.2　主要目标与方法

　　从历史数据来看，石化产品的需求和消耗一般受石化产品的运输总量影响。事实上，影响石化运输的因素有很多，如国内生产总值、油价、机动车登记量、人口分布和加油站数量等，所有这些因素都可能不同程度地对石化产品的供应链产生影响。本书的一个最主要部分就是将主要影响因素中不同影响因子对供应链的影响程度计算出来。但是，由于石化产品供应链中过于复杂的运输结构，其各个部分影响因素的实际影响因子被精准预测和应用相对较难。为了使既定目标尽可能地被准确算出，其主要影响因素中不同影响因子都会通过特殊的方法被测试和计算。

　　其主要测算思想是根据多元线性法对所有可能的主要影响因子进行测试。具体测算包括自变量和因变量的确定和检验两个主要部分。当自变量随因变量的变化而强烈变化，则自变量可以作为主要影响因素被确认。判定其程度的准则为相关性分析评估（拟合度测试）。

　　各种不同类型的自变量将作为潜在的主要因素逐个被测试。一般来说，一个因变量受多个自变量影响。而其因变量和多个自变量的影响关系是非常复杂的，只有通过它们之间相互的整体相关性测试的认定，才能确立它们之间的相对关系。多元线性法的难点则是如何把多个与因变量不相关的自变量组合成与其相关的整体变量。简单来说，就是如何把一系列看似无关的自变量组合成一个与因变量相关的整体并确定其影响权重。也只有通过相关性的成功测试，才能对因变量的不同影响因素的影响权重进行认定，这也是石化产品区域划分和油库位置调整的一个前提计算条件。只有精准地确立影响因素才能使之后的计算结果更加精准。

3.3 影响因素的确认

3.3.1 确认标准

确立石化产品运输供应链主要影响因素的首要问题就是确认标准的认定。一般来说，标准的确认包括实际运输量和石化产品消耗的测量。关于测量，首先需要确定被运货物或者人员的实际耗油量。然后是运输单位的确认，通常在运输中用吨千米和人千米来确定被运输货物或者人员的油耗量。此外，总的耗油量是通过运输车辆类型的实际车辆性能来计算的。

（1）人千米：为一个运输人员的效率标准单位，其具体公式可以表达为被运输人员数量与运输距离的乘积。

$$\sum 客运周转量 = \sum（运输人员数量 \times 运输距离） \qquad （3-1）$$

（2）吨千米：为一个运输货物的效率标准单位，其具体公式可以表达为被运输货物重量与运输距离的乘积。

$$\sum 货运周转量 = \sum（运输货物的重量 \times 运输距离） \qquad （3-2）$$

3.3.2 因变量的确定

对于石化产品来说，汽油和柴油的总运输量可以视为最有可能的自变量。而对于这些被运输的石化产品，其消耗量则应被视为主要因变量。一般来说，石化产品首先会从炼油厂被运输到油库。然后，根据不同城镇的需要，所有石化产品会被二次运输到其所需加油站。根据德国独立油库协会（UTV）统计显示，2002—2012年，整个德国境内汽油和柴油的总消耗量如表3-1所示。

表 3-1　2002—2012 年德国境内汽油和柴油的总消耗量　　　　单位：t

年份	汽油消耗量	柴油消耗量
2002	27 194 626	28 631 214

续表

年份	汽油消耗量	柴油消耗量
2003	25 849 936	27 944 157
2004	25 037 369	28 920 297
2005	23 430 722	28 531 312
2006	22 603 599	29 134 025
2007	21 292 028	29 058 805
2008	20 561 379	29 905 589
2009	20 232 795	30 936 191
2010	19 633 662	32 127 963
2011	19 601 120	32 963 811
2012	18 486 837	33 677 950

为了得到精确的影响因素因子（自变量），必须对其实际应用范围进行确定。通过以下计算可以发现，不同机动车对石化产品的总消耗量将最适合作为石化产品供应链的自变量因素。当然，在开始计算这些自变量前，必须明确以下问题。

①不同种类汽车的使用频率。

②不同种类汽车的油耗情况。

③车辆运输人员数量。

④车辆运输货物重量。

⑤车辆运输货物体积。

⑥燃油消耗技术的发展等。

以上就是影响自变量的主要因素。在数据收集过程中，只有通过对以上影响因素的正确解答，才能使接下来的拟合度计算结果更加精确。此外，还将用多元线性回归的方法对所有自变量进行测试，以确保其整体影响因素的精准性。

3.3.3　多元线性回归法的应用

多元线性回归法是一种计算一个因变量和多个自变量之间复杂关系的方

法，其基本原理是根据最小二乘法，对其之间的整体关系进行计算。在这个过程中，一个精确的影响关系将会根据其独有的影响因子以及权重作用于因变量而产生。这个因果关系的输出可以通过数学公式来表示。其计算步骤一般如下。

①因变量的确定。

②潜在自变量的选择。

③数据收集。

④数学模型的建立。

⑤数据输入和比较。

⑥测试与结果分析。

⑦优化与应用。

多元线性回归法计算流程图如图3-2所示。

图3-2展示了求证作用于石化产品供应链国内运输量（因变量）的主要影响因素（自变量）的基本流程。其最主要部分将借助软件和相关算法被具体介绍。通过多次试算，最重要的影响因素（对于被运输石化产品的运输量影响最强的）将再次借助程序的方法算出其最优可能性。

1.因变量的确定

石化产品的德国国内货运量将作为因变量被确定。在因变量被确定的同时，需要找到不同相关的自变量作为拟合的尝试选项。不同的自变量对因变量的影响程度都不同，不同影响程度的因变量整合在一起对因变量的拟合程度也不同。

2.潜在自变量的选择

通过各种不同的尝试和计算，根据不同年份的比较可以发现，不同类型机动车的实际耗油量与实际石化产品运输量相吻合。其拟合度将在后面的章节被计算。也就是说，不同类型机动车的实际耗油量可以作为自变量被设定。

3.数据收集

根据德国经济研究院《DIW（Deutsches Institut für Wirtschaftsforschung）柏林周刊》2013年第50期统计结果所示，2002—2012年留有最完整的石化产品运输与车辆保养及耗油统计结果，其具体统计项有：不同类型机动车的耗油情况、不同类型机动车的行驶千米数、机动车状况、机动车行驶效率和机动车每

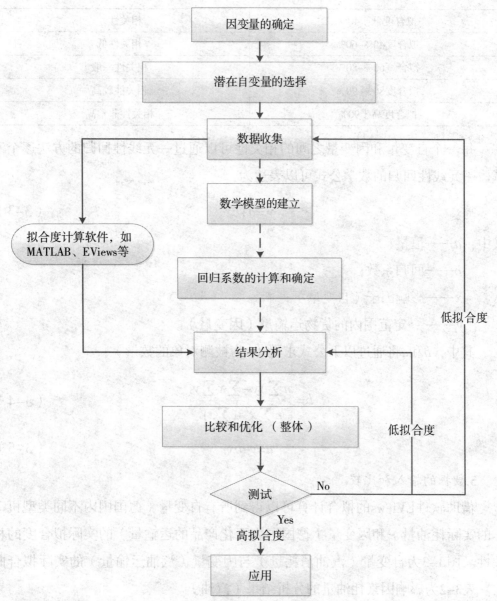

图 3-2　多元线性回归法计算流程图

100 km平均耗油量等。车型包括轻型摩托车、摩托车、轿车、客车、卡车、载拖式牵引车和其他机动车。具体数据请参阅附录B.3和附录B.4。

　　4.数学公式的建立

　　关于自变量检测数学公式的选择，首先需要一个判定标准，来比较自变量和因变量之间的不同影响关系。其拟合度的相关性可以通过以下标准来分级：

拟合度低于40%	相关性差
拟合度40%~60%	相关性低
拟合度60%~80%	相关性一般
拟合度80%~90%	相关性较高
拟合度高于90%	相关性非常高

每一个自变量和因变量之间的相关性可以通过一元线性回归的方法逐个测试。一元线性回归的数学公式可以表达为：

$$y_t=a+bx \tag{3-3}$$

式中：a——恒量；

b——回归系数；

x——影响因子（自变量）；

y_t——一定范围内的货物运输量（因变量）。

其中，b和a将通过以下公式求得（n为被测对象的数量）：

$$b=\frac{n\sum xy-\sum x\sum y}{n\sum x^2-(\sum x)^2} \tag{3-4}$$

$$a=\overline{y}-b\overline{x} \tag{3-5}$$

5.数据的输入和比较

借助软件EViews的拟合计算可以得到所有自变量（德国国内不同类型机动车的实际耗油量）和因变量（德国国内石化产品的运输量）的实际拟合度的相关性。图3-3为自变量（汽油消耗量）与因变量（汽油运输量）的实际拟合曲线。表3-2为影响因素耗油量的分析结果（汽油）。

通过计算结果可以发现，所有摩托车的汽油耗油量与汽油运输量的相关性很低，只有0.388615，其他六个自变量的相关性较高。与此相对，图3-4为自变量（柴油消耗量）与因变量（柴油运输量）的实际拟合曲线。表3-3为影响因素耗油量的分析结果（柴油）。

如图3-4与表3-3所示，x_3（卡车的耗油量），x_4（载拖式牵引车的耗油量）和x_6（其他机动车的耗油量）与柴油的总运输量其实并不是特别相关，而这些耗油量理论上却是柴油总运输量的很大一部分。因此，下一步需要检验其

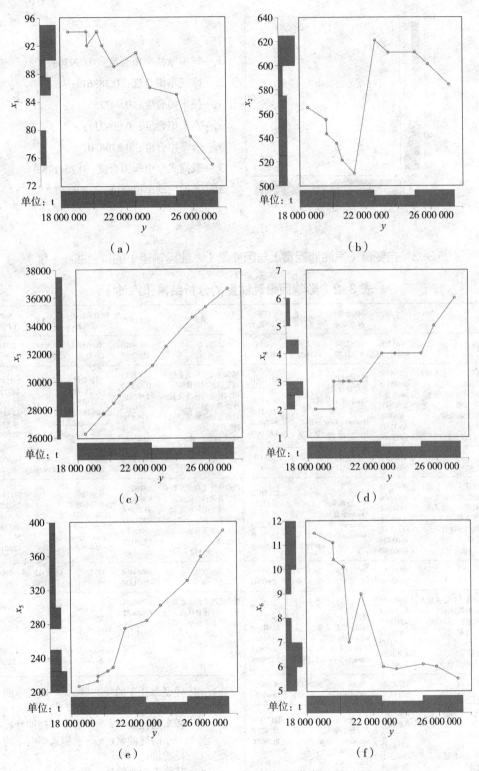

图3-3 自变量（汽油消耗量）与因变量（汽油运输量）的拟合曲线

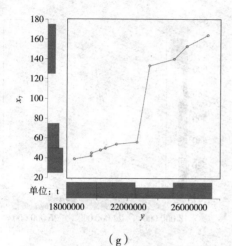

注：

x_1—轻型摩托车拟合度：0.899303；

x_2—摩托车拟合度：0.388615；

x_3—轿车拟合度：0.997755；

x_4—客车拟合度：0.908211；

x_5—卡车拟合度：0.979870；

x_6—载拖式牵引车拟合度：0.754148；

x_7—其他机动车拟合度：0.895067。

（g）

图 3-3　自变量（汽油消耗量）与因变量（汽油运输量）的拟合曲线（续）

表 3-2　影响因素耗油量的分析结果（汽油）

变量	回归系数	回归系数的标准误差	T检验值	概率（P值）	变量	回归系数	回归系数的标准误差	T检验值	概率（P值）
C	59625096	4187254	14.23967	0.0000	C	−3854801	10906315	−0.35447	0.7319
x_1	−424255.4	47321.77	−8.965332	0.0000	x_1	45761.05	19132.53	2.391792	0.0404

拟合优度（判定系数）	0.899303	因变量均值	22174916	拟合优度（判定系数）	0.388615	因变量均值	22174916
调整后的拟合优度	0.888115	因变量标准差	2872227	调整后的拟合优度	0.320683	因变量标准差	2872227
回归残差的标准误差	960738.9	Akaike信息标准	30.55176	回归残差的标准误差	2367309	Akaike信息标准	32.35537
残差平方和	8.31E+12	Schwarz标准	30.62410	残差平方和	5.04E+13	Schwarz标准	32.42772
对数预估函数值	−166.0347	Hannan-Quinn标准	30.50616	对数预估函数值	−175.9545	Hannan-Quinn标准	32.30977
F统计量	80.37718	Durbin-Watson统计量	1.857848	F统计量	5.720671	Durbin-Watson统计量	0.609686
概率（F统计量）	0.000009			概率（F统计量）	0.040438		

变量	回归系数	回归系数的标准误差	T检验值	概率（P值）	变量	回归系数	回归系数的标准误差	T检验值	概率（P值）
C	−3299049	405055.0	−8.144695	0.0000	C	14177993	891414.9	15.90502	0.0000
x_1	825.7606	13.05515	63.25170	0.0000	x_1	22555424	2390182	9.436696	0.0000

拟合优度（判定系数）	0.997755	因变量均值	22174916	拟合优度（判定系数）	0.908211	因变量均值	22174916
调整后的拟合优度	0.997506	因变量标准差	2872227	调整后的拟合优度	0.898013	因变量标准差	2872227
回归残差的标准误差	143436.1	Akaike信息标准	26.74813	回归残差的标准误差	917259.4	Akaike信息标准	30.45913
残差平方和	1.85E+12	Schwarz标准	26.82048	残差平方和	7.57E+12	Schwarz标准	30.53148
对数预估函数值	−145.1147	Hannan-Quinn标准	26.70253	对数预估函数值	−165.5252	Hannan-Quinn标准	30.41353
F统计量	4000.778	Durbin-Watson统计量	1.636586	F统计量	89.05124	Durbin-Watson统计量	1.882192
概率（F统计量）	0.000000			概率（F统计量）	0.000006		

变量	回归系数	回归系数的标准误差	T检验值	概率（P值）	变量	回归系数	回归系数的标准误差	T检验值	概率（P值）
C	9843234	603229.0	16.31757	0.0000	C	30644464	1674275	18.30312	0.0000
x_1	44709.46	2136.050	20.93090	0.0000	x_1	−1051524	200127.1	−5.254280	0.0005

拟合优度（判定系数）	0.979870	因变量均值	22174916	拟合优度（判定系数）	0.754148	因变量均值	22174916
调整后的拟合优度	0.977634	因变量标准差	2872227	调整后的拟合优度	0.726832	因变量标准差	2872227
回归残差的标准误差	429551.3	Akaike信息标准	28.94184	回归残差的标准误差	1501184	Akaike信息标准	31.44437
残差平方和	1.66E+12	Schwarz标准	29.01418	残差平方和	2.03E+13	Schwarz标准	31.51672
对数预估函数值	−157.1801	Hannan-Quinn标准	28.89623	对数预估函数值	−170.9440	Hannan-Quinn标准	31.39877
F统计量	438.1028	Durbin-Watson统计量	2.275895	F统计量	27.60746	Durbin-Watson统计量	1.285294
概率（F统计量）	0.000000			概率（F统计量）	0.000525		

变量	回归系数	回归系数的标准误差	T检验值	概率（P值）
C	17710754	589094.8	30.06435	0.0000
x_1	53144.78	6065.499	8.761814	0.0000

拟合优度（判定系数）	0.895067	因变量均值	22174916
调整后的拟合优度	0.883408	因变量标准差	2872227
回归残差的标准误差	980737.0	Akaike信息标准	30.59296
残差平方和	8.66E+12	Schwarz标准	30.66531
对数预估函数值	−166.2613	Hannan-Quinn标准	30.54736
F统计量	76.76939	Durbin-Watson统计量	1.810051
概率（F统计量）	0.000011		

注：x_1—轻型摩托车的耗油量；x_2—摩托车的耗油量；

x_3—轿车的耗油量；x_4—客车的耗油量；

x_5—卡车的耗油量；x_6—载拖式牵引车的耗油量；

x_7—其他机动车的耗油量。

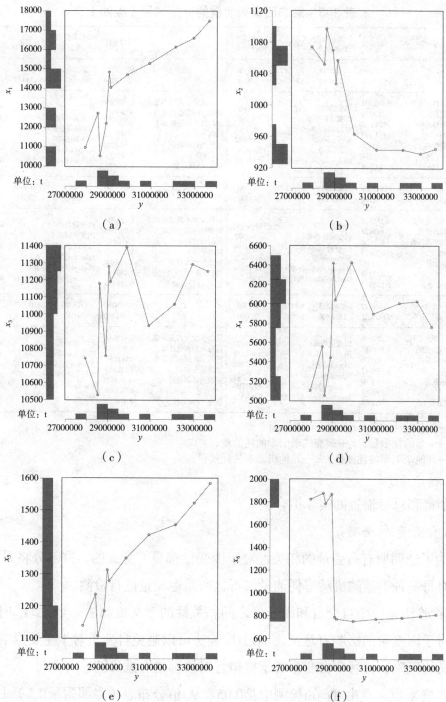

图 3-4　自变量（柴油消耗量）与因变量（柴油运输量）的实际拟合曲线

注：x_1—轿车拟合度：0.792302；x_2—客车拟合度：0.767749；

　　x_3—卡车拟合度：0.215578；x_4—载拖式牵引车拟合度：0.138707；

　　x_5—其他牵引车拟合度：0.899946；x_6—其他机动车拟合度：0.429148。

表 3-3 影响因素耗油量的分析结果（柴油）

变量	回归系数	回归系数的标准误差	T检验值	概率（P值）	变量	回归系数	回归系数的标准误差	T检验值	概率（P值）
C	19383690	1862071	10.40975	0.0000	C	57523026	5024431	11.44866	0.0000
x_1	762.1278	130.0701	5.859363	0.0002	x_1	−27090.56	4966.676	−5.454465	0.0004
拟合优度（判定系数）	0.792302	因变量均值		30166483	拟合优度（判定系数）	0.767749	因变量均值		30166483
调整后的拟合优度	0.769224	因变量标准差		1961602	调整后的拟合优度	0.741943	因变量标准差		1961602
回归残差的标准误差	942336.2	Akaike信息标准		30.51308	回归残差的标准误差	996479.6	Akaike信息标准		30.62481
残值平方和	7.99E+12	Schwarz标准		3058542	残值平方和	8.94E+12	Schwarz标准		30.68716
对数预估函数值	−165.8219	Hannan−Quinn标准		30.46747	对数预估函数值	−166.4365	Hannan−Quinn标准		30.57921
F统计量	34.33214	Durbin−Watson统计量		0.508362	F统计量	29.75119	Durbin−Watson统计量		0.926113
概率（F统计量）	0.000241				概率（F统计量）	0.000403			
C	−6018052	23014415	−0.261491	0.7996	C	21071210	7576874	2.780990	0.0214
x_1	3273.111	2081.194	1.572708	0.1502	x_1	1569.848	1303.953	1.203914	0.2593
拟合优度（判定系数）	0.215578	因变量均值		30166483	拟合优度（判定系数）	0.138707	因变量均值		30166483
调整后的拟合优度	0.128420	因变量标准差		1961602	调整后的拟合优度	0.043008	因变量标准差		1961602
回归残差的标准误差	1831322	Akaike信息标准		31.84194	回归残差的标准误差	1918956	Akaike信息标准		31.93543
残值平方和	3.02E+13	Schwarz标准		31.91428	残值平方和	3.31E+13	Schwarz标准		32.00777
对数预估函数值	−173.1307	Hannan−Quinn标准		31.79634	对数预估函数值	−173.6448	Hannan−Quinn标准		31.88982
F统计量	2.473410	Durbin−Watson统计量		0.401568	F统计量	1.449410	Durbin−Watson统计量		0.263501
概率（F统计量）	0.150237				概率（F统计量）	0.259330			
C	14410777	1762223	8.177611	0.0000	C	32970362	1176367	28.02727	0.0000
x_1	11875.62	1319.906	8.997324	0.0000	x_1	−2404.887	924.5525	−2.601136	0.0287
拟合优度（判定系数）	0.899946	因变量均值		30166483	拟合优度（判定系数）	0.429148	因变量均值		30166483
调整后的拟合优度	0.888829	因变量标准差		1961602	调整后的拟合优度	0.365720	因变量标准差		1961602
回归残差的标准误差	654042.4	Akaike信息标准		29.78270	回归残差的标准误差	1562253	Akaike信息标准		31.52412
残值平方和	3.85E+12	Schwarz标准		29.25504	残值平方和	2.20E+13	Schwarz标准		31.59647
对数预估函数值	−161.8048	Hannan−Quinn标准		29.73709	对数预估函数值	−171.3827	Hannan−Quinn标准		31.47852
F统计量	80.95184	Durbin−Watson统计量		0.897373	F统计量	6.765908	Durbin−Watson统计量		0.473698
概率（F统计量）	0.000009				概率（F统计量）	0.028685			

注：x_1—轿车的耗油量；x_2—客车的耗油量；
　　x_3—卡车的耗油量；x_4—载拖式牵引车的耗油量；
　　x_5—其他牵引车的耗油量；x_6—其他机动车的耗油量。

总耗油量和总运输量的实际拟合度。

　　6. 自变量的t检测

　　为了证明所有自变量的相关性对于因变量都是有意义的，这部分将采用t检验法对每一种类型的机动车耗油量与石化产品运输量进行检测。

　　t检验法是一个自变量和因变量之间相关性的意义检测法。当$|t| \geq t_{\alpha/2}$时，自变量对于因变量的影响有意义。通过t检验法可以避免自变量对于主要影响因素无意义的风险，且每个自变量对于被拟合对象都是有意义的。

　　一般来说，自由度α在t检测中是0.05。从t值分布表（参照附录B.1）中可以找到α的取值，观测值的数量为9（$n-2$），临界值$t_{\alpha/2}$为2.2622。经过比较得出的结果见表3-4。

　　表3-4展示了汽油中变量x_2与柴油中x_6在总耗油量中的测试结果，其测试

表 3-4 t检验计算结果

汽油 $\lvert t \rvert$		柴油 $\lvert t \rvert$	
x_1	8.965332	x_1	5.859363
x_2	2.391792	x_2	5.454465
x_3	63.25170	x_3	1.572708
x_4	9.436696	x_4	1.203914
x_5	20.93090	x_5	8.997324
x_6	5.254280	x_6	2.601136
x_7	8.761814		

结果对比临界值（2.2622）并不显著。这就意味着，自变量对因变量只有部分影响效果。同样，在柴油消耗中，变量x_3和x_4对于总共的柴油耗油量也只有微弱的影响效果。但值得一提的是，在柴油消耗中，卡车的拟合度（x_3）只有0.215578，而从2002—2012年数据可以清楚地发现，卡车的柴油耗油量约为1.22千亿L，这个数字差不多是柴油总耗油量（3.8千亿L）的32%。所以，问题就来了，卡车的耗油量到底是不是柴油总耗油量的主要影响因素？通常来说，通过一元线性回归法被证明影响程度较低的因素都不会被作为影响因素组合的部分。然而，这些较强的和较弱的影响因素组合在一起，并通过多元线性回归的方法测试，其结果反而拟合度非常高。同样，在卡车耗油量的比例中，占有三分之一耗油量的卡车对整体柴油耗油量的拟合度却不是特别高。为了把所有比例及拟合度都量化，下面将通过多元线性的方法对所有自变量做测试，以此证明所有自变量的实际影响效果。

7.比较与优化（整体）

为了达到实际的准确效果，将分别对拟合结果做分析，所有结果将被分为两种情况。

情况1：所有高拟合度自变量的整合。

情况2：所有拟合度自变量的整合。

多元线性回归算法的数学公式为：

$$y=\beta_0+\beta_1 x_1+\beta_2 x_2+\beta_3 x_3+\cdots+\beta_n x_n+\varepsilon \tag{3-6}$$

式中：x_i——自变量；

y——因变量；

β_i——回归系数；

ε——不稳定因素。

表3-5和图3-5为自变量整体与因变量通过EViews算出的实际拟合结果（汽油）。

表 3-5　汽油总耗油量的各种情况比较结果

变量	回归系数	回归系数的标准误差	T检验值	概率（P值）	变量	回归系数	回归系数的标准误差	T检验值	概率（P值）
C	-3736859	3925003	-0.952065	0.3950	C	-1411978	3176904	-0.444451	0.6868
x_1	11443.19	33026.85	0.346481	0.7464	x_1	-36208.24	34380.74	-1.053155	0.3696
x_3	739.6640	107.8495	6.858298	0.0024	x_2	2747.007	1366.861	2.009719	0.1380
x_4	2506063	1218638	2.056446	0.1089	x_3	815.2681	89.58230	9.100772	0.0028
x_5	3512.254	5305.343	0.662022	0.5442	x_4	1756264	991519.6	1.771285	0.1746
x_6	40062.67	41974.32	0.954457	0.3939	x_5	-1600.768	4739.985	-0.337716	0.7578
x_7	-1145.853	3151.861	-0.363548	0.7346	x_6	42384.74	31662.74	1.338632	0.2731
					x_7	-5384.246	3176.93	-1.694791	0.1887

拟合优度（判定系数）	0.999323	因变量均值	22174916	拟合优度（判定系数）	0.999711	因变量均值	22174916
调整后的拟合优度	0.998307	因变量标准差	2872227	调整后的拟合优度	0.999038	因变量标准差	2872227
回归残差的标准误差	118176.2	Akaike信息标准	26.45887	回归残差的标准误差	89085.19	Akaike信息标准	25.78784
残值平方和	5.59E+10	Schwarz标准	26.71207	残值平方和	2.38E+10	Schwarz标准	26.07721
对数预估函数值	-138.5238	Hannan-Quinn标准	26.29926	对数预估函数值	-133.8331	Hannan-Quinn标准	25.60542
F统计量	983.8568	Durbin-Watson统计量	2.089673	F统计量	1484.578	Durbin-Watson统计量	2.546364
概率（F统计量）	0.000003			概率（F统计量）	0.000027		

情况1
拟合度 0.999323

情况2
拟合度0.999711

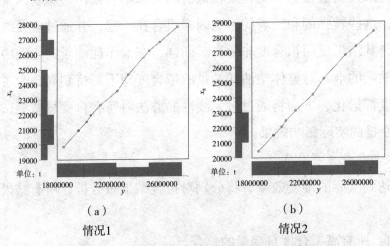

（a）　　　　　　　　　　　　　（b）

情况1　　　　　　　　　　　　　情况2

图 3-5　汽油总耗油量的两种情况比较结果

注：其中，x_9为变量x_1，x_3，x_4，x_5，x_6，x_7的汇总；x_8为变量x_1，x_2，x_3，x_4，x_5，x_6，x_7的汇总。

表3-6和图3-6为自变量整体与因变量通过EViews算出的实际拟合结果（柴油）。

表 3-6　柴油总耗油量的各种情况比较结果

变量	回归系数	回归系数的标准误差	T检验值	概率（P值）	变量	回归系数	回归系数的标准误差	T检验值	概率（P值）
					C	25778658	16017717	1.609384	0.1828
C	976934.9	12371097	0.078969	0.9393	x_1	1420.268	811.9622	1.749180	0.1552
x_1	−933.5053	386.2744	−2.416690	0.0463	x_2	−14639.20	8052.968	−1.817864	0.1432
x_2	5870.200	7859.997	0.746845	0.4795	x_3	2243.775	709.3087	3.163326	0.0341
x_5	27488.09	6714.718	4.093708	0.0046	x_4	−2834.214	965.4764	−2.935560	0.0426
					x_5	−7980.978	12230.40	−0.652553	0.5496
					x_6	1098.308	711.6768	1.543267	0.1976

拟合优度（判定系数）	0.946249	因变量均值	30166483	拟合优度（判定系数）	0.987937	因变量均值	30166483
调整后的拟合优度	0.923213	因变量标准差	1961602	调整后的拟合优度	0.969842	因变量标准差	1961602
回归残差的标准误差	543569.1	Akaike信息标准	29.52499	回归残差的标准误差	340652.7	Akaike信息标准	28.57624
残值平方和	2.07E+12	Schwarz标准	29.66968	残值平方和	4365E+11	Schwarz标准	28.82945
对数预估函数值	−158.3874	Hannan−Quinn标准	29.43378	对数预估函数值	−150.1693	Hannan−Quinn标准	28.41663
F统计量	41.07680	Durbin−Watson统计量	2.669196	F统计量	54.59794	Durbin−Watson统计量	2.406982
概率（F统计量）	0.000082			概率（F统计量）	0.000859		

情况1
拟合度0.946249　　　　　　　情况2
拟合度0.987937

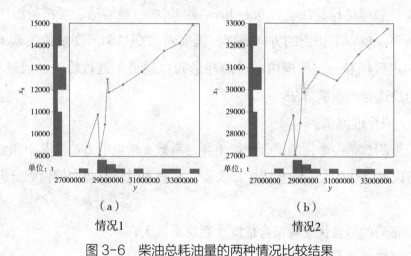

（a）　　　　　　　　　（b）
情况1　　　　　　　　情况2
图 3-6　柴油总耗油量的两种情况比较结果

注：其中，x_8为变量x_1，x_2，x_5的汇总；x_7为变量x_1，x_2，x_3，x_4，x_5，x_6的汇总。

　　图3-5和图3-6为汽油和柴油总体消耗量的自变量与整体因变量的拟合度曲线影响关系。表3-5和表3-6为各个自变量和因变量的具体拟合数据结果。可以看出，一方面，所有以上提到的自变量和因变量是有影响关系的，即所有类型汽车的耗油量是德国国内2002—2012年被运输燃油的绝对影响因素；另一方面，从数据上来看，所有拟合结果证明单个的影响因素并不能影响整体运量的变化，而自变量的整体影响效果对于因变量的影响效果更佳。通过EViews的计算，所有自变量作用于因变量的实际汽油和柴油的多元线性回归影响结果为：

① $y_{汽油}=-1.411978-36.20824x_1+2.747007x_2+8152681x_3+$

$\qquad 1.756264x_4-1.600768x_5+42.38474x_6-5.384246x_7+\varepsilon$ （3-7）

② $y_{柴油}=25.778658+1.420268x_1-14.63920x_2+2.243775x_3-$

$\qquad 2.834214x_4-7.980978x_5+1.098308x_6+\varepsilon$ （3-8）

以上计算结果为各种影响因素（各种类型机动车的耗油量作为自变量）作用于因变量（德国国内总运输量）的最终影响效果。不确定因素一般指由于政治、战争或者经济波动引起的非常规性影响因素，通常这些不稳定因素用 ε 表示。

8.结果的检测和分析

通过计算得出如此高的拟合度通常需要用统计假设检验的方法，进一步对所得结果的稳定性进行检验。目前，已有各种各样的检验方法来对结果的稳定性做检验，如理论检验法、Jarque-Bera-检验法、t检验法、经济检验法、相关性检验法等。就本书研究的方向而言，需要对自变量和因变量的关系（汽油和柴油在一定区域和一定范围内的总油耗量和总运量）进行检验，通过对比，F检验法为最适合的检验方法。

（1）拟合度测试。

拟合度测试是一个检测拟合优度（判定系数）精度的方法。其中调整后的拟合优度可以通过软件EViews直接计算获得。一般来说，拟合度的检测分为以下三种情况：

①调整后的拟合优度≤拟合优度（判定系数）；

②调整后的拟合优度＞0；

③拟合优度（判定系数）和调整后的拟合优度的差值尽可能小。

这种情况为：拟合优度（判定系数）的拟合度有意义

从表3-5和表3-6可以得到以下结果：

汽油：

拟合优度（判定系数）= 0.999711；调整后的拟合优度=0.999038

柴油：

拟合优度（判定系数）=0.987937；调整后的拟合优度=0.969842

所有拟合度的值都超过了96%，拟合优度（判定系数）和调整后的拟合优度的差值也并不大。因此，各个拟合度的值是有意义的并且值得信赖。

（2）多元线性回归的整体意义。

以上t检验法的计算与比较只能对单个自变量对因变量的意义进行检测和证明，而多元线性回归整体意义的检测则将通过F检验法进行计算和证明。

其检验的假设：H_0为所有自变量的整体组合，对于线性回归意义不大；H_1为所有自变量的整体组合，对于线性回归意义很大。

通过EViews可以得出表3-5和表3-6，其结果为：

$F_{汽油}$：1484.578；$F_{柴油}$：54.59794。

$$n-k-1=11-2-1=8$$

$$\alpha=0.05$$

式中：k——变量的个数；

　　　n——测试数据的个数；

　　　α——显著性水平。

其自由度可以通过附录B.2检验获取。其自由度为（2，8）。

$$F_{汽油} = 1484.578 > F_{0.05}（2，8）= 4.46$$

$$F_{柴油} = 54.59794 > F_{0.05}（2，8）= 4.46$$

通过计算和比较，H_0被拒绝，其组合有意义。也就是说，所有自变量的组合对于因变量来说，通过证明得出其影响很有意义。

3.4 总结与讨论

对于石化产品运输来说，其主要影响因素可以通过多元线性的方法由其多年历史数据被证明。然后可以得出结论：在石化产品供应链中，各种机动车的耗油量绝对影响着一定范围内石化产品的运输量。此外，通过计算结果可以发现，其拟合度非常高，这也就证明各种机动车的耗油对石化产品的运输影响很大，也就是说，各种机动车的耗油量就是石化产品的主要影响因素。所有以上证明结果，都将在后面的章节作为权重，为配送区域的划分和油库位置的调整做准备。

第4章　配送区域划分和油库位置调整的方法

通过前面章节影响因素的证明可以得到石化产品的实际需求和运输数据及趋势，得到这些数据就可以对整个石化产品供应链的运行进行优化和调整了。具体优化和调整分为两个部分：配送区域的划分和油库位置的调整。通过对整个供应链的观察可以发现，炼油厂为石化产品供应链的一个主要起点，从炼油厂被运出后，所有石化产品都会被保存在油库或者中间的仓库中以便再次配送等。最后，根据不同城镇的需求，石化产品最终会被运至最终消耗地。从石化产品的整个供应链来看，炼油厂的生命周期很长。关于炼油厂的选址，一般都是由综合战略方面的因素决定，运输距离并不是炼油厂选址的主要影响因素。所以，炼油厂在石化产品整体供应链的优化中，可以被优化的可能性很小。此外，从石化产品整体供应链来看，石化产品运输的"终点站"是加油站，其生命周期最短；从机动车保有量和经济发展的角度来看，导致加油站变动的因素也相对较多，所有城镇的加油站分布也都没有固定规律。为了使石化产品整体供应链得到优化，在二次物流之后，加油站被当作石化产品物流的"终点站"。

为了使整个石化产品供应链达到最优，需要考虑从炼油厂到加油站沿线所有涉及配送区域划分和油库位置调整方面的未知因素。同时，为了达到配送区域划分和油库位置调整的优化实际效果的准确性，还需要考虑现有炼油厂与所有城镇的位置、定位和坐标等数据作为优化的前提。

4.1　问题阐述

原油是一种特殊的产品，它的衍生产品一般可以被提炼为石化主产品和石化副产品。然而，原油的特殊性不止在于其复杂的提炼工艺，更在于其加工和运输过程。大多数普通产品的生产流程都是先由本地或者国际工厂制造和加工，然后，为了不同的使用目的，所有半成品再次被加工和运输。最后，根据市场需求在市场上销售。可以说，普通产品是从众多组建产品和半成品变为最终的成品，是一个从多到少、从简单到复杂的加工和运输过程。然而，石化产品的提炼、加工和运输过程与普通产品恰恰相反。石化产品的提炼过程是在原油进口完成后，在国内被提炼，然后，根据不同的需求再次被加工，石化产品是一个从少到多、从复杂到简单的加工和运输过程。通常石化产品可以分为如图4-1所示的几大类。

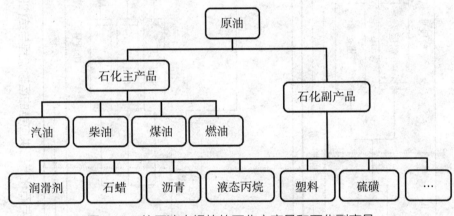

图 4-1　从原油中提炼的石化主产品和石化副产品

汽油、柴油、煤油和燃油是原油的主要提炼产品，在提炼主要产品的同时，原油还能提炼出很多副产品，如润滑剂、石蜡、沥青、液态丙烷、塑料和硫磺等。不同石化产品的不同仓储和运输过程都有其自己的具体特性和方法。一般来说，在石化产品的主产品从炼油厂被提炼后，都需要在油库进行储存，之后根据不同城镇的需求，再从油库运输到不同的城镇加油站。而石化产品的副产品则一般从炼油厂被提炼出来，经过半成品仓库的短期储存后，再次被运输至不同的化学品工厂进行后续加工，然后被运输至不同的市场或者加工厂等。上述过程就是石化产品的主产品和副产品的主要供应链步骤。图4-2为原油与石化产品供应链的运输流程与结构图。

石化产品的供应链从原油的开采开始，经过复杂的提炼、加工和运输最终到达客户和消费者手中，如图4-2所示，一共有7个阶段，可以分为两个部分，

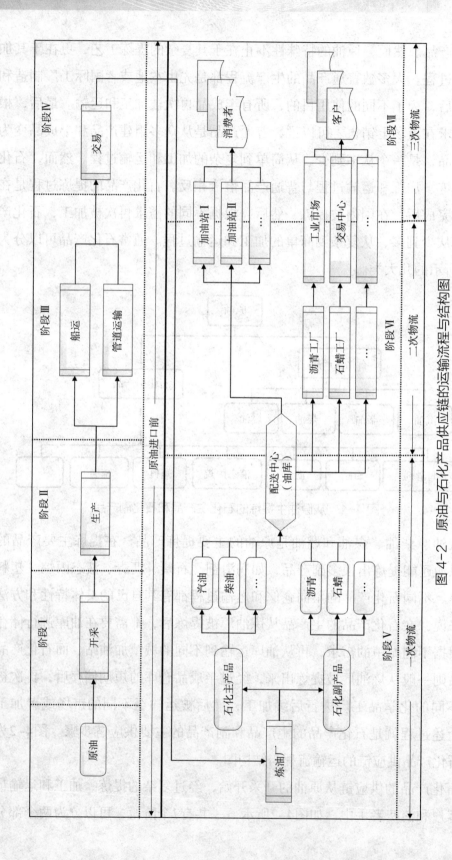

图4-2 原油与石化产品供应链的运输流程与结构图

第一部分是进口之前：开采、生产、运输、交易；第二部分是进口之后：一次物流、二次物流、三次物流。本章将着重对原油进口后的物流做具体分析和介绍。从图4-2可以发现，油库（配送中心）是石化主产品和副产品的主要承接部分，所有石化产品的主产品和副产品都需要在这个节点进行储存，其主要原因是所有石化产品在被生产出来后，都需要这样一个节点进行仓储，以备按照城镇的需求进行下一步的合理再分配。因为在整个石化产品的供应链中，一个不合理的油库位置可以产生很多不必要的仓储和运输成本与费用。所以，一个合理的油库位置往往可以决定部分油价的高低。正是由于油库的这些重要性，本章将着重对一次物流和二次物流之间的油库以及油库配送做分析和优化，而区域划分和油库的位置也将是优化的重点。

4.2　方法论

油库作为一个必不可少的石化产品供应链的重要环节，对于上游的仓储和下游的分配起着承上启下的作用。在一次物流和二次物流之间，油库是一个立竿见影的优化点。对于配送区域的划分和油库位置的调整来说，如何通过油库把这两方面在最大限度上进行优化，是本章介绍的主要内容。对于优化方法来说，其首要概念为借助MATLAB软件，用其算法在不同城镇间算出最短的运输路径。同时，为了使油库的位置得到最优的调整，石化产品在运输途中所消耗的油量也将被考虑作为优化的因素。最后，根据实际优化状况，再次对优化方法进行可操作调整，以便使运输距离达到理论最大值。

4.3　地球球面积公式的应用

地球的球面积可以通过Haversine公式进行计算，所有两点间的运输距离，都可以通过这个公式非常精确地计算出来。通过球面积计算公式和MATLAB的应用，任何地球上的两点距离可以简单地以纬度和经度作为坐标，清楚地被确认和计算。当然，球面积公式的应用不只是两点间最优路径的确认，更是多点之间路径和油库位置的不断优化。球面积公式应用的最大优点在于，在

MATLAB中所有运输距离的计算将从二维变为三维，也就是说，多个城镇间距离的计算精度可以大大提升。当然，在球面积公式的应用中也有两点不足之处。第一，地球并不是一个圆形，而是一个接近于圆形的椭圆，球面积公式的应用只能最大限度上以椭圆进行计算，这也就意味着在计算过程中将或多或少地存在误差。第二，两点间的实际计算路径往往会被山丘、峡谷、河流和森林等一系列地理方面的障碍阻挡，这些自然环境下的阻碍因素将在计算中被忽略，其主要原因是，这些自然地理影响因素对计算的结果影响并不大，对优化的结果起很小的影响。球面积公式可以表示为：

$$a=\sin^2(\Delta\varphi/2)+\cos(\varphi_2)\cdot\cos(\varphi_2)\cdot\sin^2(\Delta\lambda/2)$$

$$c=2a\tan2(\sqrt{2},\ \sqrt{1-a})$$

$$d=Rc$$

式中：φ——纬度；

λ——经度；

d——地球的半径（地球的平均半径为6371 km）。

地球球面积公式原理如图4-3所示。

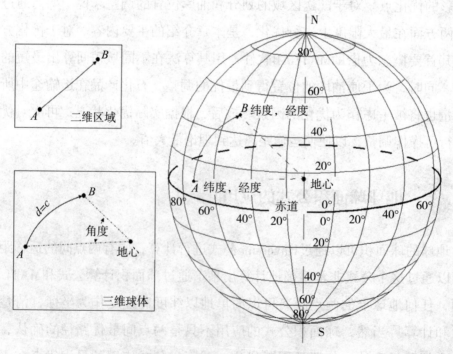

图4-3 地球球面积公式原理

图4-3为二维区域间两点的距离和三维球体中两点的距离比较。在实际计算中二维区域间两点的距离必然少于三维球体中两点的距离。为了使整体运输距离的精度达到最优，以下所有的计算步骤都将引用地球球面积公式，即所有的运输距离和优化距离都将在三维球体的基础上进行计算和比较。地球球面积公式的实际原理是借助地球的平均半径和地球的地心点，利用纬度和经度的划分，对地球表面两点或者多点间距离的精确测算。为达到所有位置和计算的有效性和精准性，所有位置都将按照不同的需求被写入MATLAB程序中，为配送区域的划分和油库位置的调整做精准计算和优化比较。最后，算出最合理的配送区域及最优的油库位置。

4.4　球面积公式模型的概念

球面积公式模型的概念包括后续为配送区域划分和油库位置调整的各个优化定位步骤。配送区域的划分和油库位置的调整将根据石化产品的运输类型和各个区域或城镇的耗油量情况（作为权重）来逐步进行。首先，优化区域所有的位置都将作为一个集成的网络通过纬度和经度按照矩阵的形式被划分，具体的实际距离将由纬度和经度小数点后的位数决定。通过这种方法，优化区域所有的点都可以通过MATLAB进行精确定位和测算。其次，所有地图上真实存在的城镇都可以通过纬度和经度在MATLAB中被精确地表达和测算。此外，通过加入地球球面积公式，MATLAB中所有城镇的距离又可以最精确地被表达出来，其之间的计算距离都最大限度地还原了实际长度。最后，根据石化产品运输的特点，经过两点间的长度比较，使所有点之间的运输距离最小，这样就可以使配送区域达到最优。根据石化产品的运输类型来看，一般石化产品的配送区域大体可以分为两类：有炼油厂的研究区域和无炼油厂的研究区域。在第一种情况下（有炼油厂的研究区域），优化方法将根据炼油厂的位置对城镇的分布配送进行划分，即炼油厂的位置将作为第一个配送区域，剩下的城镇按照其各自位置进行下一步的划分；在第二种情况下（无炼油厂的研究区域），优化方法将直接根据所有城镇位置的分布进行配送区域的划分。与第一种情况相比，其不同在于是否有炼油厂作为成品油输出地。两种优化方法总体来说都是按照直线作为配送距离的度量方法做比较，通过配送距离的比较，可以在MATLAB中最快速地发现所有配送距离的参考长度。同时，所有油库的坐标也可以根据所有实际的燃油耗油量进行确认。通过这些基本步骤，就可以对配送区域和油库位置进行基本确认。为了达到最优的效果，模型还会根据一些石化产品配送的特点逐步进行深入优化。

4.4.1 模型介绍

参照图4-2，在阶段Ⅵ中，石化产品的供应链和石化产品的配送仍有非常大的提升空间，其原因主要是所有的石化主产品和石化副产品都需要经过油库（或配送中心）被配送至不同的目标地点，而这个环节也正好是整个供应链的瓶颈所在。本模型公式的主要任务就是对此处的配送过程进行优化，使整个运输过程全程达到最优。该阶段所处位置非常重要，因此油库（配送中心）是整个石化产品供应链中最重要的关键节点。

4.4.2 配送区域的划分

石化产品配送区域划分的概念其实是如何建立最高效、最合理的城镇配送系统。为了达到最高效、最合理城镇配送系统的效果，炼油厂的实际位置将作为主题条件被考虑。一个整体配送区域的前提必须确定，也就是说先确定哪些城镇需要被列入进一个大的优化框架。其主要范围的确认方法是在此优化区域中确认一个最大优化半径和一个最小优化半径，所有半径都可以按照直线距离被计算，其中，配送区域的范围不会受地域限制，即任何最大半径和最小半径将适用于任何配送区域。当然，在优化方法中，所有程序都需要在最大半径和最小半径之间是有意义的。最后，该区域的确定必须是在该最大半径和最小半径间存在的。

在整个研究区域中最大半径和最小半径确认之后，各种可能的配送区域都会按照其间的划分半径区间进行计算。通过计算结果的对比，将有一个最优的运输半径被选出，在该半径中，所有配送的区间为最均匀，在这种最均匀的区间配送中，从各个油库到城镇的配送距离为最优。为达到所有配送区域为最均匀，以下几个标准需要注意。

①研究目标（城镇）在其各自被划分配送区域中尽量完整地被划分。

②研究目标（城镇）在其各自被划分配送区域中尽量均匀地被划分。

③在其各自被划分配送区域中，过多或过少地被划分城镇数量将被拒绝。

④在研究区域中，处于边缘的城镇（或者两个研究区域间的城镇），将按照到就近油库的原则被划分。

按照石化产品的配送类型，有一个划分前提需要提前给出，即炼油厂是否存在。一般来说，炼油厂都有其自身的油库，炼油厂产出的产品会首先保存在自己的油库中。这也就意味着，炼油厂有所有油库的功能。所以后面的划分程序也是根据这两种情况分别进行优化：有炼油厂的研究区域和无炼油厂的研究区域如图4-4所示。

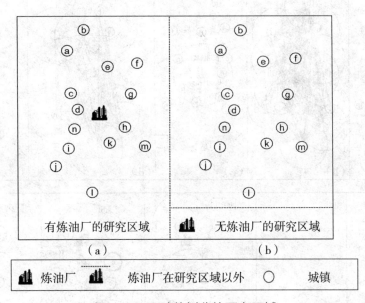

图4-4　两种待划分的研究区域

图4-4为两种主要的待划分研究区域，这两种研究区域都有其自身的配送特点。第一种研究区域（如图4-4（a）所示）中有其自身的炼油厂，该区域中所有油库和城镇都依赖于其区域的炼油厂进行运输和分配。该区域中所有的油库位置都可以根据其炼油厂的位置和城镇的燃油需求进行确认。第二种研究区域（如图4-4（b）所示）无自身炼油厂，所有该区域的石化产品配送都需要通过该区域外临近炼油厂进行配送。因此，在这种情况下，油库的作用相对更为

重要。从这两种情况来看，所有城镇都会按照其研究区域不同的特点被有效划分。具体划分的步骤和油库调整的方法将通过以下步骤逐步被优化。

4.4.2.1 有炼油厂研究区域的配送区域划分和油库调整方法

有炼油厂研究区域的配送区域划分方法主要按照炼油厂的位置进行划分，如图4-5所示，炼油厂的位置是主要决定性的划分因素。

图4-5（a）为至少带有一个炼油厂的研究区域。所有城镇的位置都可以通过坐标在图中被表示。图4-5（b）为优化方法的第二步，在此步骤中，为了算出该区域中最大半径和最小半径及其中所有半径范围，所有城市间的距离都将被相互确认，这就意味着研究区域中所有城镇包括炼油厂的坐标位置都将根

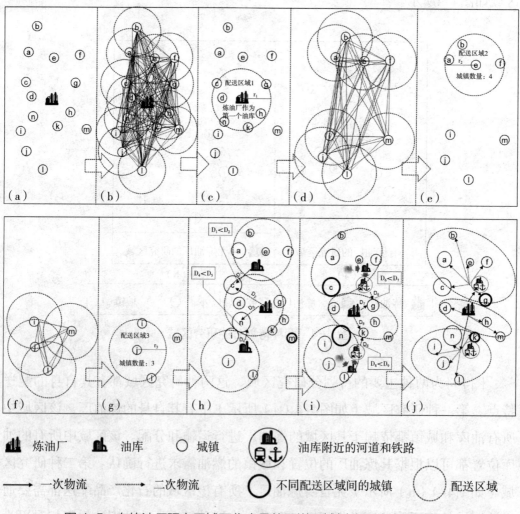

图4-5 有炼油厂研究区域石化产品的配送区域划分和油库位置调整

据它们之间的实际位置按照球面积公式被多次计算。通过这种方法，所有的距离都可以得到确认，并且不同距离的城镇可以按照其较短的配送距离被划分在一个配送区域中。在所有运输距离被确定后，将有一个最适合的配送半径在此区域被选出，该配送半径为该区域的整体最优配送半径，也是配送区域划分的主要参考条件。图4-5（c）主要是针对有炼油厂的研究区域划分，其中炼油厂永远作为第一个配送区域被划分，其原因主要是所有的炼油厂都有其自己的成品油油库，它自己带的油库可以把所有炼油厂产出的成品油进行储藏，在此储藏的成品油可以满足其配送区域的城镇燃油需求。在这种情况下（有炼油厂的研究区域），炼油厂的位置就是第一个配送区域的油库位置，以这个位置为中心，再进行其他油库及配送区域的划分。同时，在此研究区域中，其他配送区域的划分将不再考虑第一个配送区域的所有城镇和油库（包括炼油厂），如图4-5（d）所示。所有第一个被划分区域的城镇和油库（包括炼油厂）在之后的计算过程中都将"消失"。接下来所有的油库位置和它们的配送区域将同上述步骤根据城镇间彼此最近的配送距离（临时的，配送区域在每次划分完其剩下的配送距离都有变化）进行划分，如图4-5（d）和图4-5（g）所示。在系统划分完毕后，必然会剩下相对比较偏远的城镇，如图4-5（m）所示，这些偏远的城镇在划分程序中无法被最优半径所覆盖，经过到所有油库的距离比较，这类偏远的城镇将被划分至距离最近的油库配送区。在图4-5（h）中，所有油库的位置第一次根据每个城市油耗（作为权重）的配比从各个临时配送区域的圆心位置调整到每个配送区域的最优位置（按照石化产品的需求），这样一来，从运量和距离来说，此时的油库位置为最优。到此为止，除了相对较远的城镇（如图4-5（m）所示）没有被划入配送区，其他城镇在配送的距离和运量上已经相对最优了。对比图4-5（h）和图4-5（i），在油库调整的步骤中，首先经过距离比较，需要把城镇（如图4-5（m）所示）列入与其最近的油库配送区内。此时，由于城镇（如图4-5（m）所示）的加入，油库的位置（由于权重改变）发生第二次变化，由于油库位置的再次变化，导致一些两个配送区域间的城市划分也发生了变化，也就是说如城镇（如图4-5（c）所示）和城镇（如图4-5（n）所示），在第一次划分后原本属于第一个配送区（炼油厂），可是由于油库位置的不断变动，城镇（如图4-5（c）所示）和城镇（如图4-5（d）所示）

经过运送距离和权重的配比，最终被划入别的配送区域。此外，为了在真实运输中达到实际的运输距离最优，油库的位置将首先考虑一次物流中沿线的河路和铁路作为备选最优位置（对比图4-5（i））。最后，各个油库的位置再次和所有城镇进行计算和对比（对比图4-5（j）），所有配送区域也将根据实际对比结果进行最后的划分，此时，配送区域的划分和油库位置的调整都为最优。

4.4.2.2　无炼油厂研究区域的配送区域划分和油库调整方法

第二种情况主要是无炼油厂研究区域优化。在这种情况下，一般炼油厂都位于研究区域以外。图4-6为这种情况具体的配送区域划分和油库位置调整方法。

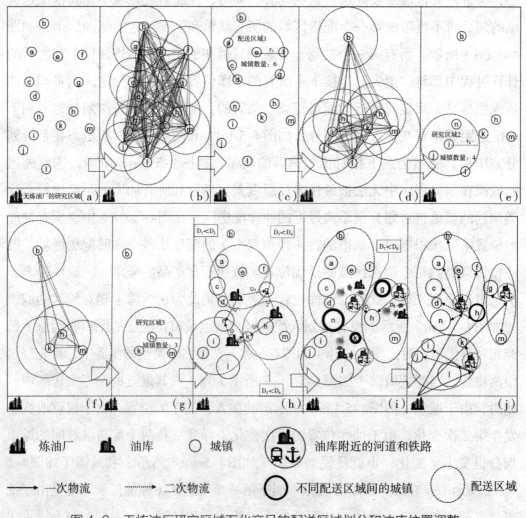

图 4-6　无炼油厂研究区域石化产品的配送区域划分和油库位置调整

在这种情况下，炼油厂的位置一般不需要考虑，其主要原因是炼油厂一般都坐落于距离研究区域很远的地方。同有炼油厂研究区域划分方法一样，首先需要对所有城镇的位置进行确认，通过彼此距离的确认，找出一个最大配送半径和一个最小配送半径，如图4-6（b）所示。此后，如图4-6（c）所示，第一个配送区域将被划分。和有炼油厂的研究区域不同的是，无炼油厂的研究区域可以直接按照城镇的分布及划分城镇的数量由多到少直接进行划分（炼油厂因为不在研究区域，所以炼油厂不作为第一个配送划分区域）。图4-6（d）~（g）就是这种划分的具体步骤，所有已经被划分的区域将不再参与接下来的划分步骤。在划分完毕之后，如图4-6（h）所示，油库的位置首先按照各个城市的实际耗油量（权重）从各个被划分区域的圆心首次到其最合理的位置（成品油运输重量乘以配送路径）移动。此时，所有被划分区域中，从各个油库到各个区域内城市的距离和运量为联合最优。当然，此时还有若干相对较远的城镇不能在有效配送范围内被划分，如城镇（如图4-6（b）所示）。在接下来的步骤中如图4-6（h）和图4-6（i）所示，这些相对偏远的城镇将直接通过程序被归入与其相近的油库配送划分区域中。同时，油库的位置将根据新加入的城镇耗油权重第二次被调整。此时，在两个配送区域间的城镇将按照油库的实际位置再次被确认，并同时按照最近原则被重新划入新的配送区域。如图4-6所示，此时城镇（如图4-6（g）~（k）所示）被划入与其实际相近的配送油库中。同上，为了在一次物流中达到配送最优，所有油库位置都将被调整至其第二次被调整位置附近的河道和铁路沿线。为了确保配送区域的最优化，程序最后还将计算所有城镇至所有油库的距离，此时，最优的配送区域最后被划定。此时的配送区域和油库位置为最优。

4.4.3　为达到最小运输成本和最合理配送区域划分的数学公式的主要程序步骤

该数学公式的主要目标是找到最优配送区域的数量和最佳油库的位置。为了使运输成本达到最低，该公式可以表达为：

$$\min \sum_{j=1}^{m} TK_p \cdot N_j \cdot f(RA,\ TL_j) + \sum_{i=1}^{n} \sum_{j=1}^{m} TK_s \cdot V_i \cdot x_{ij} \cdot g(TL_j,\ SG_i) \quad （4-1）$$

限制条件为：

$$\sum_{j=1}^{j} x_{ij}=1, \quad i=1, 2, 3, \cdots, n$$

$$N_j=\sum_{i=1}^{m} V_i \cdot x_{ij}, \quad j=1, 2, 3, \cdots, m$$

$$x_{ij}\in\{0, 1\}, \quad i=1, 2, 3, \cdots, n; \quad j=1, 2, 3, \cdots, m$$

其中参数：

i——城镇索引（$i=1, 2, 3, \cdots, n$）；

j——炼油厂索引（$j=1, 2, 3, \cdots, m$）；

J——待测试配送区域数量；

RA——炼油厂坐标；

TL——油库坐标；

TL_j——待测试油库坐标；

SG——各个城镇坐标；

n——城镇总数；

m——油库总数；

V_i——城镇i的石化产品总消耗；

N_j——城镇j的石化产品的需求；

TK_p——从炼油厂到油库间一次物流运输成本（每吨千米）；

TK_s——从油库到城镇间二次物流运输成本（每吨千米）；

RA=（e, f）——炼油厂的纬度和经度；

TL_j=（c_j, d_j）——油库的纬度和经度；

SG_i=（a_i, b_i）——城镇的纬度和经度；

f（RA, TL_j）——从炼油厂到油库j的一次物流运输距离，从（e, f）到（c_j, d_j）；

f（RA, TL_j）$=Rarcos[\sin$（e）$\sin$（c_j）$+\cos$（e）$\cos$（c_j）$\cos$（$f-d_j$）$]\times P_i/180$（R为地球半径）；

g（TL_j, SG_i）——从油库j到城镇i的二次物流运输距离，从（c_j, d_j）到（a_i, b_i）；

g（TL_j，SG_i）$=Rarcos[\sin（c_j）\sin（a_i）+\cos（c_j）\cos（a_i）\cos（d_j-b_i）]\times P_i/180R$为地球半径。

目标变量：

（x_{ij}）为一个二元决定变量，它可以为"1"或"0"，它的变化取决于城镇i是否被划入配送区域，通过此判断，可以确定最短的运输距离。其判定的前提条件为每个城镇只能由一个油库进行配给。

配送区域划分和油库位置调整的主要方法包括以下几步。

步骤1，列出所有需要配送城镇的位置和序号。

步骤2，研究区域中最小和最大配送半径的确认。

步骤3，所有配送半径的对比和选取。

步骤4，配送区域的划分。

①有炼油厂的研究区域。一是，第一个油库位置的确认：炼油厂位置已经被给定，炼油厂的位置也就是第一个油库的位置。所有炼油厂附近的城镇都将划入该炼油厂配送区（第一个配送区域直接由炼油厂的位置所决定）。二是，剩下其他油库位置的确定：在第一个配送区域被确定后，剩下的所有城镇（不包括第一个配送区域已经被划分的城镇和炼油厂）将通过多次划分被划分为多个配送区域（剩下的配送区域将根据每个配送区域中被划分城镇的数量尽可能平均地被划分）。

②无炼油厂的研究区域。一是，直接通过程序对油库的位置进行确定：所有城镇将按照最短运输原则彼此计算和划分。所有配送区域都将按照合理的配送距离被有效划分（每个配送区域中的城镇数量都尽可能平均）。二是，所有配送区域中的城镇数量都按照从多到少被排列，进行最优化处理和筛选。

步骤5，油库调整第一步，通过各个城镇的油耗量（权重）对油库的位置进行调整。

步骤6，油库调整第二步，到上一步还没有被划分的城镇将在这一步被归入与其最近的配送区域和油库（由于油库位置的重新变动，会导致原先两个配送区域间的城镇被归入与其真正相近的配送区域中，并组成新的配送区域范围）。

步骤7，油库调整第三步，按照临近的河道和铁路对油库的位置进行一般性调整（减少一次物流的运输成本）。

步骤8，油库调整第四步，通过上一步对最后油库的位置和所有城镇做对比并对最后的配送区域划分做最后确认。

4.4.3.1 列出所有需要配送城镇的位置和序号

研究对象（所有城镇）的位置将在配送区域划分之前，通过程序的方式，对其所有纬度和经度进行确认，其原因主要是所有城镇在程序中无法以其自身的实际名字出现，程序无法对其真实名称进行识别，所以首先需要对其所有名称进行统一转换。也就是说，所有的城镇在此步骤中都要通过一个统一的识别代码进行确认。对此，所有城镇的名字可以在程序中以最快的速度进行读取和计算。根据纬度和经度的统一转换格式，所有纬度和经度都以（^{0}）的格式在程序中进行代入。

4.4.3.2 研究区域中最小和最大配送半径的确认

配送区域划分的第二步是最小配送半径和最大配送半径的确认。其中确认的主要办法是通过对研究区域加入地球球面积的计算公式，以及纬度和经度用矩阵的计算办法，让MATLAB在其系统中计算所有城镇包括油库和炼油厂的距离来获得的。要想得到这个有效的配送范围，系统程序要通过把整个研究区域用三维矩阵的方法，即所有城镇都可以纬度和经度的方法在矩阵中被表达出来，而矩阵中所有的城镇都可以通过三维的方法按照坐标的形式被简单计算出。

（1）最小配送范围值，是指在研究区域内，从区域内任意一个城镇到其他任意另一个城镇最小的配送距离，即所有区域内的城镇都需要算出到其他城镇的距离，并作比较，得到那个最短的运输距离，这个距离就是最小配送半径（最小配送范围值），因为任意一个城镇至少要到达另外一个其他城镇才能认为这个半径（范围）是有意义的。

程序 I

①步骤1，初始化。

function D = min（）   1.1

E=[Breitengrade，Längengrade]   1.2

a=zeros（城镇数量，城镇数量）　　　　　　　　　　　　1.3

D=zeros（城镇数量，城镇数量）　　　　　　　　　　　　1.4

R=6371　　　　　　　　　　　　　　　　　　　　　　　1.5

B=zeros（1，城镇数量）　　　　　　　　　　　　　　　1.6

②步骤2，地球球面积公式的代入。

for i=1：城镇数量　　　　　　　　　　　　　　　　　　2.1

for j=1：城镇数量

a（i，j）= sin（（E（1，i）–E（1，j））*pi/360）.^2+cos（E（1，i）*pi/180）*cos（E（1，j）*pi/180）*sin（（E（2，i）–E（2，j））*pi/360）.^2;

D（i，j）=R*2*atan2（sqrt（a（i，j）），sqrt（1–a（i，j）））;　　2.2

　　end;

end;

③步骤3，最小配送半径的计算。

for k=1：城镇数量　　　　　　　　　　　　　　　　　　3.1

for l=1：城镇数量

if D（k，l）<0.01

D（k，l）= D（k，l）+1000

　　else

D（k，l）= D（k，l）+0

　　end;

　　end;

end;

for k=1：城镇数量

B（1，k）= min（D（k，:））

end;

B0=max（B）　　　　　　　　　　　　　　　　　　　　3.2

end

function D = min（）为研究区域最小配送半径，在该半径下，任何一个城镇至少可以到达一个与其相邻的城镇。

D为距离的矩阵。

v为影响集群标准的距离标准值。

E为城镇矩阵。

E（1，：）为纬度。

E（2，：）为经度。

a和D为城镇间的距离参数。

R为地球的半径。

B0为最小配送范围值的矩阵。

注：

1.1：计算配送半径范围的函数集合。

1.2：输入研究区域中所有的纬度和经度。

1.3~1.4：输入地球球面积公式的参数a和参数D。

1.5："R"为地球半径。

1.6："B"为最小运送半径，在该半径下，任何一个城镇至少可以到达一个与其相邻的城镇。

2.1：城镇间的所有距离都将被计算。

2.2：代入地球球面积公式。

3.1：在程序运行中，城镇只可以通过显示为"0"继续显示存在（所有显示为"1"的城镇都已被划入配送区域，也就是说，在接下来的程序运行中不再参与划分）。此外，所有显示为"0"的城镇都将加入值"1000"，其目的是在接下来的程序中尽量避免错误的出现。

3.2：最小配送半径值将被算出。

（2）最大配送范围值，是研究区域中的配送范围最大值，在这个范围内，任意一个城镇都可以把其他所有城镇全部包括，这个配送范围可以无限大（因为配送范围越大，就越可以把所有城镇都包括在内，但不是最优上限范围），但程序只选取最小的可以包括其他所有城镇的配送范围作为最大配送范围值。换句话说，这个最大配送范围值就是程序计算最优配送区域划分半径的计算上限。

程序Ⅱ

①步骤1，初始化。

function D=max（）   1.1

E=[纬度，经度]   1.2

a=zeros（城镇数量，城镇数量）   1.3

D=zeros（城镇数量，城镇数量）   1.4

R=6371   1.5

C = zeros（1，城镇数量）   1.6

②步骤2，地球球面积公式的代入。

for i=1：城镇数量   2.1

for j=1：城镇数量

a（i，j）=sin（（E（1，i）–E（1，j））*pi/360）.^2+ cos（E（1，i）*pi/180）*cos（E（1，j）*pi/180）*sin（（E（2，i）–E（2，j））*pi/360）.^2;

D（i，j）=R*2*atan2（sqrt（a（i，j）），sqrt（1–a（i，j）））;   2.2

    end;

end;

③步骤3，最大配送范围值的计算。

for k=1：城镇数量

C（1，k）= max（D（k，：））

end;

C0=min（B）   3.1

end

function D=max（）是最大配送范围，在这个范围内任意一个城镇都可以到达其他所有城镇。

D为距离矩阵。

v为影响集群标准的距离标准值。

E为城镇矩阵。

E（1，：）为纬度。

E（2，：）为经度。

a和D为城镇间的距离参数。

R为地球半径。

C0为最大配送范围值得矩阵。

注：

1.1：计算最大配送范围中最小配送半径的函数集合。

1.2：输入研究区域中所有的纬度和经度。

1.3~1.4：输入地球球面积公式的参数a和参数D。

1.5：“R”为地球半径。

1.6："C"为最大配送范围，在这个范围内，任意一个城镇都可以到达所有其他城镇。

2.1：城镇间的所有距离都将被计算。

2.2：代入地球球面积公式。

3.1：最大范围配送半径值将被算出。

以上就是研究有效划分区域的确认，从最小配送范围到最大配送范围将通过MATLAB利用所有相关研究目标的纬度和经度进行计算。通过多次计算，一个有效的配送半径范围将得出。为了使配送区域在最优的条件下被划分，将对划分条件做以下分析。

4.4.3.3 所有配送半径的对比和选取

按照以上程序的计算，可以算出多个配送半径，根据这些配送半径可以划分不同的配送区域。每一个配送半径"v"都可以划分出不同的配送范围（不同数量、不同范围等）。而这些从最小配送范围到最大配送范围划分出的结果理论上可能是最优解。划分成功与否主要取决于配送区域的划分数量和城市的划分均匀度，只有最合理的配比才能达到运输成本的最低。此外，两种类型的研究区域（有炼油厂的研究区域和无炼油厂的研究区域）对于划分的策略十分重要。一般来说，城镇（和配送半径）在有炼油厂的研究区域内（在一个确定的配送范围内）应该尽可能地被不同的配送区域所包含，因为该区域内，炼油厂到油库的位置是确定的，该一次物流的运输成本是确定的。与此相反，在无炼油厂的研究区域中，配送区域的数量应该尽可能的少，因为该区域没有炼油厂，而区域以外炼油厂的位置不确定，导致该种情况下，从炼油厂到油库一次物流的成本相对较大（被划分的配送区域越多，导致一次物流成本越高），也就是说，一次物流对该种情况的影响因素相对较大。综上所述，配送区域数量的划分、被划分城市的数量和配送半径的选取为这两种研究情况下三个最重要的划分影响前提条件。以下为这两种研究区域的前提条件分析过程。

由于不同研究中影响因素的作用不同，其影响程度总体可以分为四个不同的影响权重（3、2、1和0.01），见表4-1。

表 4-1　不同影响因素的影响权重

影响度	影响权重
重要	3
一般	2
少	1
微不足道	0.01

在两种研究区域中（有炼油厂的研究区域和无炼油厂的研究区域）的影响方式也有所不同。

（1）有炼油厂的研究区域的影响因素权重如图4-7所示。

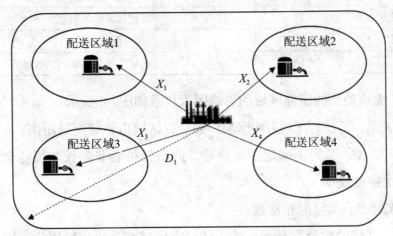

图 4-7　有炼油厂的研究区域的影响因素权重

其中：D_1 为从炼油厂到研究区域边界最大的配送距离；

X_1，X_2，X_3，X_4 为从炼油厂到油库的配送距离；

X_1，X_2，X_3，X_4的位置为已固定的；

$X_1 < D_1$；$X_2 < D_1$；$X_3 < D_1$；$X_4 < D_1$。

一方面，在有炼油厂的研究区域中，配送区域的数量决定了一次物流和二次物流运输的成本。配送区域的数量越少（在有效配送半径已选定），一次物流的配送成本就越低。因此，配送区域数量的影响非常重要。

另一方面，配送区域的实际划分数量还直接取决于之前的配送半径的选取（从最小配送范围到最大配送范围），这里的配送半径可以直接决定二次物流的运输成本，配送区域的配送半径越小，就意味着这个区域中二次物流的配送成本越低。一次物流中配送成本和配送道路的最优化会直接导致二次物流中配送成本和配送距离的优化余地降低，也就是说，当过度优化配送中的一次物流，必然会相对降低配送中二次物流的优化程度。当然，一次物流的运输总重量必然大于二次物流的运输总重量。所以，一次物流中影响因素的总权重必然大于二次物流的影响因素权重。最后，各个配送区域中被划入的城镇数量将作为一个伴随参考影响因素，为计算结果做优化调整。有炼油厂研究区域的权重见表4-2。

表4-2　有炼油厂研究区域的权重

影响度	权重	参考标准
重要	3	配送区域的数量
一般	2	配送半径
少	1	配送区域中被划入城镇的数量

（2）无炼油厂的研究区域的影响因素权重如图4-8所示。

其中：X_5，X_6，X_7，X_8为从炼油厂到研究区域边界的配送距离；

X_5，X_6，X_7，X_8为不确定配送路径，此路径可能非常长（可能会导致相对较高的一次物流成本）；

X_5，X_6，X_7，X_8可能非常远。

"配送区域的数量"是无炼油厂的研究区域唯一决定性因素，因为从有炼油厂到无炼油厂研究区域边界的配送距离（X_5，X_6，X_7，X_8）为不确定的。在无炼油厂研究区域的运输过程中，配送区域的数量越多，就越可能导致从炼油厂到各个油库运输成本的成倍增加，其主要原因是一次物流在石化产品运输的

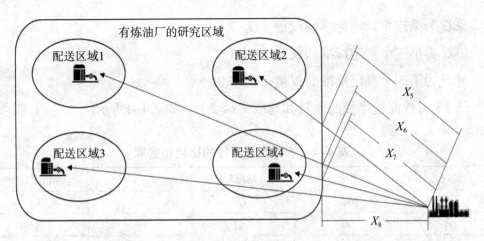

图4-8 无炼油厂的研究区域的影响因素权重

过程中消耗太大（运输成本=运输距离×燃油消耗量）。相比较而言，"配送半径"和"配送区域划入城市的数量"的影响权重相对"配送区域的数量"是微不足道的。其影响结果见表4-3。

表4-3 无炼油厂的研究区域的影响权重

影响度	权重	参考标准
重要	3	配送区域的数量
微不足道	0.01	配送半径
		配送区域中被划入城镇的数量

为了对最有效的配送半径进行选择，可以用MATLAB程序得出的计算结果，通过各种各样的评估结果和权重配比（根据不同的影响程度）进行分析。最优的配送半径将根据评估分数进行选取，主要步骤如下。

（1）判定标准。

①配送区域的数量（l_i）。

②配送半径（r_i）。

③被划入各个配送区域的城镇数量（s_i）。

④配送区域的数量（无炼油厂的研究区域）。

⑤U为有效配送半径的数量（$i=1$，2，3，…，U）。

（2）权重。

①G_1为第一个判定标准的权重（$G_1=3$）。

②G_2为第二个判定标准的权重（$G_2=2$）。

③G_3为第三个判定标准的权重（$G_3=1$）。

④G_4为第四个判定标准的权重（$G_4=0.01$）。

（3）有效配送半径的比较和选取（$s \geq 2$）。如表4–4所示。

表4–4　有效配送半径的比较和选取

情况1	情况2	情况3	…	情况U
l_1	l_2	l_3	…	l_U
r_1	r_2	r_3	…	r_U
s_1	s_2	s_3	…	s_U

（4）有效的配送半径和相应的权重。

有效的配送半径必须满足至少多于一个城镇在配送区范围内（在配送区域内除了被定位城镇，至少要有另外一个城镇作为被配送城镇）。以上各种情况的评估分数可以通过表4–5进行表示。

表4–5　评估分数结果

参考标准		a	b	…	n
配送区域的数量（α_i）	数量	1	2	…	Max$\{l_k\}$
	评估分数	U	$U-1$	…	1
配送半径（β_i）	千米	r^{min}	$r^{min}+1$	…	Max$\{r_k\}$
	评估分数	U	$U-1$	…	1
各个配送区域被划入的城镇数量（γ_i）	数量	Max$\{s_k\}-U$	…	Max$\{s_k\}-1$	Max$\{s_k\}$
	评估分数	1	2	…	U

通过计算，得到各种情况的结果，见表4–6。

表4–6　各种情况的结果

参考标准	情况1	情况2	…	情况U
配送区域的数量	α_1	α_2	…	α_U
配送半径	β_1	β_2	…	β_U
各个配送区域被划入的城镇数量	γ_1	γ_2	…	γ_U

（5）计算结果（带有各自的权重）。

$$P=(G_1G_2G_3)\begin{bmatrix} \alpha_1 & \alpha_2 & \cdots & \alpha_U \\ \beta_1 & \beta_2 & \cdots & \beta_U \\ \gamma_1 & \gamma_2 & \cdots & \gamma_U \end{bmatrix}=(p_1p_2\cdots p_U)（有炼油厂的研究区域）\qquad（4-2）$$

$$P=(G_1G_2G_4)\begin{bmatrix} \alpha_1 & \alpha_2 & \cdots & \alpha_U \\ \beta_1 & \beta_2 & \cdots & \beta_U \\ \gamma_1 & \gamma_2 & \cdots & \gamma_U \end{bmatrix}=(p_1p_2\cdots p_U)（无炼油厂的研究区域）\qquad（4-3）$$

其中：P为带有权重计算结果的总和，$\mathrm{Max}\{p\}$为最优配送半径（最高评估分数）。如何对以上分析进行具体应用，第5章将通过对最优配送半径的选取，逐步对整个研究区域进行划分。

4.4.3.4　配送区域的划分

1.有炼油厂的研究区域

对于有炼油厂的研究区域来说，其配送区域的划分一般可以分两个步骤进行：第一是确定炼油厂的位置并把临近的城镇划入第一个配送区域，所有临近城镇直接由炼油厂进行配送，在第一个区域中从炼油厂到城镇的距离为相对最短。在完成第一个区域的划分后，所有被划入的城镇和炼油厂都会在程序中"消失"，并不再进行下一步的程序运行。第二是把剩下的城镇分批进行划分。在程序中可以通过不断重复的形式（代码"for"）对所有城镇进行多次判断和比较，这样就可以逐步使最合理的配送路径在不同的区域中进行划分和分组。以下内容为具体运行的MATLAB程序，程序中利用地球球面积公式、借助不同集群矩阵的形式，并利用不同城镇及研究对象的纬度和经度进行计算。

程序Ⅲ

①步骤1，初始化。

```
function M = clustering（v，p）
E=[纬度，经度]                                                  1.1
R=6371
a0=zeros（1，城镇的数量）                                        1.2
D0=zeros（1，城镇的数量）
```

A=zeros（城镇的数量，1）

a=zeros（城镇的数量，城镇的数量）

D=zeros（城镇的数量，城镇的数量）

P=zeros（1，p+1）   1.3

B=zeros（1，p+1）

②步骤2，配送距离的计算与已经被划分的城镇的提取。

for i=1：城镇数量

a0（1，i）= sin（（E（1，带炼油厂城镇的数字代码）–E（1，i））*pi/360）.^2+ cos（E（1，带炼油厂城镇的数字代码）*pi/180）*cos（E（1，i）*pi/180）*sin（（E（2，带炼油厂城镇的数字代码）–E（2，i））*pi/360）.^2；

D0（1，i）= R * 2* atan2（sqrt（a0（1，i）），sqrt（1–a0（1，i）））；

2.1

for k=1：城镇数量

    if D0（1，k）<v

        G（1，k）= k   2.2

         A（k，1）= 0

         B（1，1）=B（1，1）+1

         G（1，k）= k

         A（k，1）=1   2.3

         B（1，1）=B（1，1）+0

P（1，1）=带炼油厂城镇的数字代码   2.4

for i=1：城镇数量

    E（1，i）= E（1，i）*A（i，1）   2.5

E（2，i）= E（2，i）*A（i，1）   2.6

③步骤3，剩余城市配送区域划分的确认。

for m=1：p

    if E==zeros（2，城镇数量）   3.1

    P（1，m+1）=0

for i=1：城镇数量

for j=1：城镇数量

if E（1，j）>0　　　　　　　　　　　　　　　　　　　　　3.2

a（i，j）= sin（（E（1，i）–E（1，j））*pi/360）.^2+ cos（E（1，i）*pi/180）*cos（E（1，j）*pi/180）*sin（（E（2，i）–E（2，j））*pi/360）.^2;

D（i，j）=R*2*atan2（sqrt（a（i，j）），sqrt（1–a（i，j）））；　　3.3

D（i，j）=1000　　　　　　　　　　　　　　　　　　　　　3.4

F=zeros（1，城镇数量）　　　　　　　　　　　　　　　　　3.5

for k=1：城镇数量

for l=1：城镇数量

　　if D（k，l）<v

　　　　F（1，k）= F（1，k）+ 1

　　　　F（1，k）= F（1，k）+ 0

id=find（F==max（F））　　　　　　　　　　　　　　　　　3.6

P（1，m+1）= id（1，1）+P（1，m+1）　　　　　　　　　　3.7

B（1，m+1）= F（1，id（1，1））+B（1，m+1）　　　　　　3.8

④步骤4，已经被划分城镇的提取。

for i=1：城镇数量

a0（1，i）=sin（（E（1，P（1，m+1））–E（1，i））*pi/360）.^2+ cos（E（1，P（1，m+1））*pi/180）*cos（E（1，i）*pi/180）*sin（（E（2，P（1，m+1））–E（2，i））*pi/360）.^2;

D0（1，i）= R * 2* atan2（sqrt（a0（1，i）），sqrt（1–a0（1，i）））；

for k=1：城镇数量

　　if D0（1，k）<v

　　　　G（m+1，k）= k

　　　　A（k，1）= 0

　　　　G（m+1，k）= 0

　　　　A（k，1）= 1

for i = 1：城镇数量

$\quad$ E（1，i）=

$\quad$ E（1，i）*A（i，1）$\hspace{5cm}$4.1

$\quad$ E（2，i）= E（2，i）*A（i，1）

disp（P）$\hspace{7cm}$4.2

disp（B）

disp（G）

其中：M为距离矩阵；

$\qquad$ Clustering 为划分函数；

$\qquad$ v为配送半径；

$\qquad$ p为配送区域的数量；

$\qquad$ E为城镇的矩阵；

$\qquad$ E（1，：）为纬度；

$\qquad$ E（2，：）为经度；

$\qquad$ a和D为两个城镇见的距离参数；

$\qquad$ R为地球半径；

$\qquad$ P为城镇位置作为配送区域的中心点（其排序为被划入城镇的数量从多到少）；

$\qquad$ B为从矩阵P中被划分城镇的值；

$\qquad$ G为被划分城镇的代码；

$\qquad$ a0和D0为在带有炼油厂的研究区域中两个城镇间距离的参数。

注：

1.1：所有城镇纬度和经度的输入。

1.2~1.3：为确定有炼油厂研究区域的第一个配送区域（炼油厂），对矩阵进行初始化。

2.1：地球球面积公式的输入。

2.2~2.3：当配送距离小于给定的配送半径"v"时，在距离值比较后，在矩阵"A"中被显示为"0"，并不再参与之后程序的运行。同时，在矩阵"B"中被显示为"1"。当配送距离大于给定的配送半径"v"时，在比较后，所有大于"v"的值在矩阵"A"中被显示为"1"，并在之后的程序中继续参与比较。同时，在矩阵"B"中仍然保持为"0"。

2.4：在此步骤中，带有炼油厂的城镇将作为第一个配送区域的配送中心被确定。

2.5~2.6和4.1：在此步骤中，所有被划入配送区域的城镇将在矩阵"E"中被确认，这就意味着，在此配送区域中，所有被划入的城镇都不参与接下来的程序运行和划分。

3.1：为确定接下来的配送区域，在程序中建立一个新的矩阵。

3.2：所有还未被划分的城镇将被归入矩阵。

3.3：地球球面积公式的再次输入。

3.4：在此步骤中，各个城市间的配送距离将再次被确认。它们的值将增加1000 km（因为在程序中，所有配送距离没有上限）。

3.5：为了之后配送区域的划分，矩阵"F"将作为新的矩阵被建立。

3.6：被划分城镇配送区域数量的最大值将再次被确定。所有值将被写入"id"中。

3.7："P"是各个城镇作为各个配送区域中心点的位置（排序方式为被划入城镇数量从大到小）。

3.8："B"是所有新的被划分配送区域的所有被划分城镇数量。

4.2：所有被划分城镇在程序中数字代码的显示。

以上就是区域划分的主要程序和步骤，主要由两部分组成：第一部分包括炼油厂配送区域（第一个配送区域）中城镇数量的计算和确认。在这种情况下，炼油厂永远作为第一个配送区域的油库存在，其中心位置为不可变，所有炼油厂周围的城镇（在给定最优配送半径内）直接由炼油厂进行配送，其配送距离都由MATLAB方法通过地球球面积公式经过不同的矩阵进行计算，其精确度相对较高。在上述程序中，一个名为"v"的配送半径将作为比较参数进行比较，当从油库到城镇的配送半径小于"v"时，这些城镇将自动组成配送区域，并且不在接下来的程序中参与比较；当从油库到城镇的配送半径大于"v"时，这些城镇将不会组成配送区域，并且在接下来的程序中继续参与比较。所有大于配送半径"v"的城镇将继续存在于以后的程序划分中，也就是说，在程序的

第二部分，主要是针对这些未被划入的程序进行运行的。为了把这些未被划分的城镇从"i"到"j"在接下来的程序中继续有效运行（有效划分），将再次利用地球球面积的公式对有效配送半径"v"通过不断循环（用代码"for"）进行对比和划分。最后，程序中所有的城镇代码和被划入配送区域的城镇都将在程序结果中清楚地显示。

2.无炼油厂的研究区域

与有炼油厂的研究区域相比，无炼油厂的研究区域在配送区域的划分和油库的调整相对简单。由于研究区域内没有炼油厂的存在，所有研究区域内的城镇可以直接根据其彼此之间最短的配送距离进行分组和优化。其分组和划分的主要准则主要就是将各个待划分组中城镇的数量作为唯一依据，即各个划分组中城镇的数量越平均，就意味着这种配送的结构越稳定，相应的各个配送区域的配送成本也就越低。以下程序将具体解释无炼油厂研究区域的具体划分细则和步骤。

程序Ⅳ

①步骤1，研究区域的初始化。

function M=clustering（v，p）

E=[纬度，经度]   1.1

R=6371

A=zeros（城镇的数量，1）   1.2

a=zeros（城镇的数量，城镇的数量）

D=zeros（城镇的数量，城镇的数量）

P=zeros（1，p）

B=zeros（1，p）   1.3

②步骤2，配送距离的计算和已划分城镇的提取。

for m=1：p   2.1

if E==zeros（2，城镇的数量）

P（1，m）=0   2.2

for i=1：城镇的数量   2.3

for j=1：城镇的数量

if E（1, j）>0

a（i, j）= sin（（E（1, i）–E（1, j））*pi/360）.^2+ cos（E（1, i）*pi/180）*cos（E（1, j）*pi/180）*sin（（E（2, i）–E（2, j））*pi/360）.^2;

D（i, j）=R*2*atan2（sqrt（a（i, j）），sqrt（1–a（i, j）））; 2.4

D（i, j）=1000

F=zeros（1, 城镇的数量） 2.5

for k=1：城镇的数量

for l=1：城镇的数量

if D（k, l）<v

F（1, k）=F（1, k）+1

F（1, k）=F（1, k）+0

id =find（F==max（F）） 2.6

P（1, m）= id（1, 1）+P（1, m）

B（1, m）=F（1, id（1, 1））+B（1, m）

③步骤3，已划分城镇的提取。

for i=1：城镇的数量

a（1, i）= sin（（E（1, P（1, m））–E（1, i））*pi/360）.^2+ cos（E（1, P（1, m））*pi/180）*cos（E（1, i）*pi/180）*sin（（E（2, P（1, m））–E（2, i））*pi/360）.^2;

D（1, i）=R*2*atan2（sqrt（a（1, i）），sqrt（1–a（1, i）））; 3.1

for k=1：城镇的数量

if D（1, k）<v 3.2

 G（m, k）= k

 A（k, 1）=0

 G（m, k）=0

 A（k, 1）=1

for i=1：城镇的数量

E（1, i）=E（1, i）*A（i, 1） 3.3

E（2，i）＝E（2，i）*A（i，1）

disp（P）3.4

disp（B）

disp（G）

其中：M是配送距离的矩阵；

Clustering为划分函数；

v为配送半径；

p为配送区域的数量；

E为城镇的矩阵；

E（1，：）为纬度；

E（2，：）为经度；

a和D为城镇间配送距离的参数；

R为地球半径；

P为城镇位置作为配送区域的中心点（其排序为被划入城镇的数量从多到少）；

B为从矩阵P中被划分城镇的值；

G为被划分城镇的代码。

注：

1.1：城镇纬度和经度的输入。

1.2~1.3：为确定无炼油厂的研究区域，对矩阵进行初始化。

2.1：为接下来的程序运行，建立新的矩阵。

2.2：所有已被划入第一个配送区域的城镇都将在之后的步骤中显示为值"0"。

2.3：城镇的数量将再次被输入。

2.4：地球球面积公式的输入。

2.5：为对接下来配送区域的划分，建立新的矩阵"F"。

2.6：已划分配送区域中被划入城镇数量最大值的寻找。"id"为这个值的数量。

3.1：地球球面积公式的再次输入。

3.2：当一个城镇的配送距离小于给定的配送距离"v"时，这个城镇在程序矩阵中将显示为"0"。所有显示为"0"的城镇将不再参与接下来配送区域的划分。当一个城镇的配送距离大于给定的配送距离"v"时，这个城镇在程序矩阵中将显示为"1"。所有显示为"1"的城镇还将继续参与接下来配送区域的划分。

3.3：在此步骤中，所有已被划入配送区域的城镇被记入"E"。这就意味着，在接下来的程序运行中将不再考虑这些已被划入的城镇。

3.4：所有被划分配送区域将被优化。同时，所有数字代码和被划分城镇的数量将被显示。

无炼油厂研究区域划分的任务主要是对所有城镇之间的距离进行计算，对此，所有城镇在给定配送半径"v"输入的前提下，分步对配送区域进行划分，各个配送区域的城镇数量将依次被确认（包含城镇最多的配送区域将被确认为第一个配送区域），这也就意味着，在给定配送半径"v"的输入后，各个配送区域的面积将被确定。与此相反，有炼油厂研究区域的划分中，必须根据炼油厂的位置进行划分，即使炼油厂这个配送区域中所包含城镇的数量不是最多，也必须把炼油厂作为第一个配送区域来划分。之后，才可以像无炼油厂的研究区域一样，按照包含城镇数量从多到少进行逐个划分。

3.油库调整第一步：通过各个城镇的耗油量（权重）对油库的位置进行调整

此步骤包括对区域内油库位置的调整和区域内油库位置的确认两个步骤。在区域内油库位置的调整中，将针对各个配送区域中利用程序的方法（根据地球球面积公式和不同城镇的耗油量作为权重的办法）对各个配送区域中的油库进行调整。在程序中，各个城镇的耗油量将作为主要影响因素及不同城镇的权重，对油库的位置做逐步的调整。调整的主要原理是根据从油库到各个城镇的配送距离和配送量（各个城镇的耗油量）进行再次确认和计算，以便达到最优路径和定位。其配送路径和配送量将作为两个主要划分标准按照程序 V 进行划分。

程序 V

①步骤1，初始化。

function M = point（[E]，[V]，n）

R=6371

c0=min（E（1，：））　　　　　　　　　　　　　1.1

c1=max（E（1，：））

b0=min（E（2，：））

b1=max（E（2，：））

C=c0：0.01：c1　　　　　　　　　　　　　　　1.2

B=b0：0.01：b1

G=zeros（length（C），length（B））

②步骤2，配送距离的计算。

for i=1：length（C）

　　for j=1：length（B）

　　　　　　　　a=zeros（1，n）　　　　　　　　2.1

　　　　　　　　D=zeros（1，n）

　　　　　　　　A=zeros（1，n）

　　　　for k=1：n　　　　　　　　　　　　　2.2

　　　　　　a（1，k）= sin（（C（1，i）–E（1，k））*pi/360）.^2+ cos（C（1，i）*pi/180）*cos（E（1，k）*pi/180）*sin（（B（1，j）–E（2，k））*pi/360）.^2；

　　　　　　D（1，k）=R*2*atan2（sqrt（a（1，k）），sqrt（1–a（1，k）））；

　　　　　　A（1，k）= D（1，k）*V（1，k）　　　　2.3

　　　　　　G（i，j）= sum（A）　　　　　　　　2.4

③步骤3，油库位置的调整。

F=min（min（G））　　　　　　　　　　　　　3.1

[x，y]=find（G==min（min（G）））

X=C（1，x）　　　　　　　　　　　　　　　　3.2

Y=B（1，y）

其中：function M 为对配送区域总油库选址调增的矩阵函数；

　　　E是所有被划入城镇配送区域的纬度和经度；

　　　E（1，：）为城镇的纬度；

E（2，：）为城镇的经度；

V为各个配送区域中城镇的耗油量（作为权重）；

n为城镇的数量。

注：

1.1：配送区域的面积包括各个配送区域中从"c0"到"c1"的纬度。配送区域的面积包括各个配送区域中从"b0"到"b1"的经度。

1.2：从"c0"到"c1"纬度的间距和从"b0"到"b1"经度的间距将被分级。

2.1："a"，"D"和"A"在一个新的循环（"for"）中被初始化。

2.2：地球球面积公式的输入。

2.3：为对已优化和已调整油库位置进行计算，建立矩阵"A"，"A"为已输入地球球面积公式和权重的已划分城镇的矩阵。

2.4："G"为矩阵"A"的总和。

3.1："F"为矩阵"G"的最小值。

3.2："X"和"Y"为已调整油库位置的纬度和经度。

4.油库调整第二步：到上一步未被划入的城镇将在这一步被归入距其最近的配送区域和油库

通过程序Ⅴ，油库的位置将从之前的配送圆心移至相对配送距离和配送重量最优的城镇作为新的油库位置。通过程序计算结果可以看出，程序Ⅴ中的主要划分策略就是根据各个城镇间的实际距离（根据地球球面积）和权重（各个城镇的实际耗油量）进行计算，使油库的位置较上一步发生变化，此时，配送区域的重心也发生改变，配送区域的实际配送距离较上一步发生改变（实际配送距离较上一步相对增加）。程序Ⅴ实现的关键在于从油库到城镇的配送距离和配送重量（权重）。

此时，仍有一些相对比较偏远的城镇未被划入配送区域内。经过城镇间距离计算的比较，所有偏远的城镇都将被划入配送距离相对较近的油库配送区域中。由于各个配送区域中油库的位置已发生变化，所以会导致两个配送区域间的城镇至油库位置的配送距离发生改变，也就是说，由于油库位置的改变，这类城镇可能由原来的配送区域，被归入另一个更近的配送区域。此时，所有城镇到油库的位置将通过程序再次被计算，所有两个配送区域间的城镇根据配送的距离和权重的乘积按照最优的结果重新被划分。接下来的程序Ⅵ将会着重实现以上配送步骤。

程序Ⅵ

function cluster_matrix = Adj_cluster（cluster_matrix，tank_location）　1

　　E=[纬度；经度]；　　　　　　　　　　　　　　　　　　　　　2

　　R=6371；

　　Nr_tank=length（tank_location（1，：））；　　　　　　　3

　　dis_city2tank=zeros（城镇的数量，Nr_tank）；　　　　　　4

　　for i=1：城镇的数量

　　　　for j=1：Nr_tank

　　　　　　temp=sin（（E（1，i）−tank_location（1，j））*pi/360）.^2+cos（E（1，i）*pi/180）*cos（tank_loca tion（1，j）*pi/180）*sin（（E（2，i）−tank_location（2，j））*pi/360）.^2；

　　　　　　dis_city2tank（i，j）= R * 2* atan2（sqrt（temp），sqrt（1−temp））；

　　　　　　opt_tank（i）= find（dis_city2tank（i，：）==min（dis_city2tank（i，：）））；　　　　　　　　　　　　　5

　　　　if cluster_matrix（opt_tank（i），i）~=I

　　　　x=find（cluster_matrix（：，i）~=0）；

　　　　cluster_matrix（x，i）=0；

　　　　cluster_matrix（opt_tank（i），i）=i；　　　　　　　6

其中：Adj_cluster 为第二个调整步骤的函数。

cluster_matrix 为程序Ⅲ和程序Ⅳ的结果。

E为所有城镇纬度和经度的矩阵。

R为地球半径。

Nr_tank 为油库矩阵。

dis_city2tank 为从油库到城镇运输距离的矩阵。

opt_tank 从油库到城镇实际最短运输距离的选择。

注：

1：为实现运输距离的最短化，将把程序Ⅲ、程序Ⅳ的运算结果和油库的坐标进行输入。

2：为了把所有城镇的位置都包含进去，所有城镇的纬度和经度都将被再次输入。

3、4：到所有城镇的被调整油库位置和运输距离将在矩阵中被输入。

5：从油库到各自临近城镇的实际运输距离将再次被计算。

6：所有被优化后的配送区域和被调整后的油库位置将被最终确定。

5.油库调整第三步：按照临近的河道和铁路对油库的位置进行一般性调整

通过程序Ⅵ对油库位置的调整和配送区域的优化，使各个配送区域得到最大化的合理划分，并对各个区域油库位置进行准确的定位。然而，新划入城镇的加入，导致配送区域面积的改变，从而使油库的位置也受到改变，这也就意味着，油库的位置在各个配送区域中将不是最优解。因此，在各个区域中，油库的选址需要再次通过程序Ⅴ按照权重的方法（配送距离乘以配送重量）进行计算，其计算结果才是油库和配送区域的最佳配比。

至此，在接下来的调整步骤中，针对上一步的油库选址计算结果，查找其最近的水路和铁路作为最终的油库选址，主要原因是石化产品一次物流的运输重量和运输数量非常大，水路和铁路可以最大限度地减少运输成本和运输时间。

6.油库调整第四步：配送区域划分与油库选址的最终确认

为使实际运输距离达到最小，所有城镇将再次通过程序Ⅵ按照最终油库的位置进行计算和对比，对比之后（从所有油库到所有城镇），只有最短配送距离的城镇才会被划入一个配送区域。至此，在经过四次油库位置的调整后，各个配送区域的油库位置才算是最优。此时，所有优化和调整步骤完毕。

为了对配送区域的划分结果和油库位置的选址做检验，第5章将针对以上计算方法做一个具体的案例分析。在此案例中，两种不同类型的研究区域（有炼油厂的研究区域和无炼油厂的研究区域）将根据以上计算方法，对不同配送区域进行划分和对不同油库选址进行精确定位。

第 5 章　案例分析

本章将对配送区域划分和油库选址调整的具体程序在两种不同类型的配送区域（有炼油厂的配送区域和无炼油厂的配送区域）进行应用。本章将根据这两种典型的配送区域，按照以上介绍的优化办法进行计算，展示其优化的具体量化结果。

5.1　两种典型配送区域的划分

在这部分内容中，将介绍两种类型的配送区域按照之前的划分方法进行区域配送划分和油库的选址及优化。其划分主要是从炼油厂的位置开始着手，因为在一个特定区域内，大部分石化产品都会从其临近的炼油厂运出，在稍作加工处理后，便成为其各自品牌的石化产品。因此，其主要划分依据就是从炼油厂位置运出石化产品的运输距离。

在有炼油厂的配送区域内，炼油厂的位置为配送区域划分的出发点，其炼油厂一般都会作为该区域内的主要配送油库，该油库也会作为整个区域的第一个配送油库。而对于无炼油厂的配送区域来说，则不能考虑炼油厂的具体位置，因为该区域的所有油库都需要区域外的炼油厂进行配给，因此，在这种情况下，第一个油库的位置（也可以说第一个被划分配送区域的位置）则不需要将炼油厂的位置作为影响因素。但是，如果该区域被划分为过多的配送区域（或油库），则（从区域外炼油厂被运输的）石化产品的一次物流成本将会非常高。因此，炼油厂位置的确定将作为这类区域划分的主要影响因素。图5-1为德国石化工业及产品实际分布图。

从图5-1中可以发现，德国石化工业是由管道运输进行进口配送，主要从

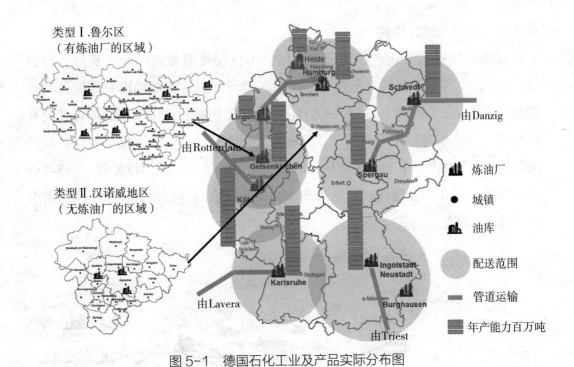

图5-1　德国石化工业及产品实际分布图

四个方向（国家及地区）进口，分布在德国的炼油厂主要也是依据这四个方向的管道而建，分别是荷兰的Rotterdam、法国的Lavera、意大利的Triest和波兰的Danzig。为了测试第4章石化产品运输划分方法和油库位置的优化办法，本节将从德国不同的区域中选取两个最典型的区域进行实地测试，所有数据都按照现有实际状况进行计算和配置。这两个被选区域分别为鲁尔区（带有炼油厂）和汉诺威地区（无炼油厂）。

1.鲁尔区（Ruhrgebiet）

鲁尔区现有5 150 000常住人口，面积为4435 km^2，是欧洲现有最大、最密集工业城市群之一。该区域现包括53座城镇，共有8座油库，分别坐落于Duisburg（两座油库）、Dortmund、Essen、Hünxe、Lünen和Hamm（两座油库）。作为带有炼油厂的研究区域类型，炼油厂Gelsenkirchen将作为该区域主要的石化产品输出炼油厂，同时，该炼油厂的油库也将作为第一个配送区域油库被划分和调整。为了保证该区域内53座城镇石化产品的配送，该炼油厂同时需要向该区域内其他油库进行配给（石化产品的一次物流），之后，根据不同城镇的需求，所有在各个油库储存的石化产品将再次从各个油库被运至各个城

71

镇（二次物流）进行销售。

在鲁尔区中，石化产品的配送区域并不仅仅按照城镇的分布规律进行划分。如图5-2所示，如果只是按照配送距离进行配送，很多油库只能配送其临近的若干城镇，如油库Essen和油库Hamm。与此相对，由于油库的位置并没有按照城镇的分布进行计算，其他另一些油库则需要负责非常多城镇石化产品的配给任务，如油库Hünxe和油库Dortmund。通过简单的比较可以发现，图5-2中的油库选址存在不合理性，其分布并没有按照城镇的分布和对石化产品的需求进行计算和调整。

图 5-2　鲁尔区石化产品实际运输状况

2.汉诺威地区（Hannover）

汉诺威地区坐落于德国中部，人口约为 1 125 196 人，整个区域面积为 2 291 km²。整个汉诺威地区共有21座城镇。

如图5-3所示，汉诺威地区和鲁尔区有着相同的问题，油库的位置并没有按照城镇的分布进行计算和调整，所有从油库到城镇的运输距离并不是最优，有的甚至过长。此外，还会衍生出一系列可能的问题，例如，是否可以增加其他油库，针对城镇分布进行配给优化；油库的再选址是否有调整的可能性；以及按照现有配送方案，整个区域内石化产品的运输成本和运输费用是否还有进

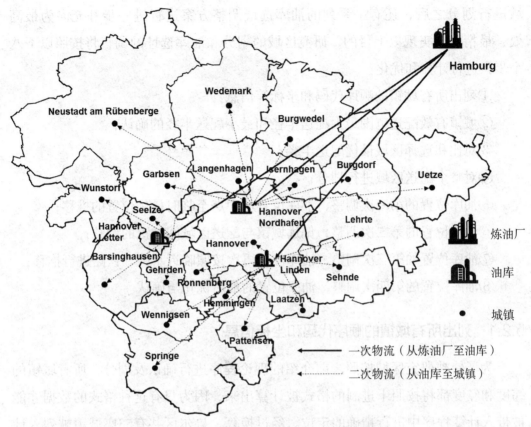

图 5-3 汉诺威地区石化产品运输现状

一步降低的可能性等。而从长期来看，一个合适的油库位置的选址对于一个区域内较远分布城镇的石化产品配给更为重要，因为合理的油库位置分布，无论是从效率还是从成本来说，都至关重要。

关于汉诺威地区的一次物流来源问题，虽然该区域从距离上来看，绝大多数的石化产品都来自炼油厂Hamburg（汉堡），但是该区域仍有一定数量的石化产品由Gelsenkirchen炼油厂、Köln炼油厂和Lingen炼油厂保证供应。为便于计算，以下一次物流计算数据主要由炼油厂Hamburg进行配给。

5.2 配送区域划分的主要方法

本节将按照第4章所阐述的区域划分的理论方法，针对实际情况进行进一步的升级和应用。有炼油厂的研究区域和无炼油厂的研究区域在对两种研究区域进行划分之后，还有一系列的油库选址调整方案进行进一步补充。为最高效、最精确地实现以上目的，研究区域的划分和油库选址的调整将按照以下八个步骤进行计算和优化：

①列出所有城镇的顺序代码和坐标等信息；

②城镇有效配送范围最大配送半径和最小配送半径的确认；

③对比和选择区域最优配送半径；

④对整个配送区域进行划分；

⑤油库位置的第一次调整，油库位置从中点至临时最优位置的推移；

⑥油库位置的第二次调整，偏远城镇与配送区域间城镇的调整；

⑦油库位置的第三次调整，油库位置再次按照临近水路和铁路进行推移；

⑧油库位置的第四次调整，油库位置的最后优化与确认。

5.2.1 列出所有城镇的顺序代码和坐标信息

为了使被研究区域按照之前介绍的理论程序进行确认及划分，所有城镇的纬度和经度都将按照十进制的格式被计算出来，因为只有这种格式的数据才能被带入计算程序中进行精确的定位。经过换算，鲁尔区共有53座城镇被列入计算系统中，汉诺威地区共有21座城镇被列入计算系统中。在程序中，所有城镇只可以显示为序号，序号对应城镇是唯一的。表5-1和表5-2分别为鲁尔区和汉诺威地区中经过整合与换算的城镇序号与坐标位置。

表 5-1　鲁尔区中经过整合与换算的城镇序号与坐标位置

序号	城镇	城镇坐标	序号	城镇	城镇坐标
1	Wesel	[51.67, 6.62]	28	Breckerfeld	[51.27, 7.47]
2	Hamminkeln	[51.73, 6.58]	29	Ennepetal	[51.30, 7.35]
3	Schermbeck	[51.70, 6.88]	30	Gevelsberg	[51.32, 7.33]
4	Xanten	[51.67, 6.45]	31	Hattingen	[51.40, 7.18]
5	Hünxe	[51.65, 6.77]	32	Herdecke	[51.40, 7.43]
6	Sonsbeck	[51.62, 6.38]	33	Schwelm	[51.28, 7.30]
7	Alpen	[51.58, 6.52]	34	Sprockhövel	[51.37, 7.25]
8	Voerde	[51.60, 6.68]	35	Wetter	[51.38, 7.38]

序号	城镇	城镇坐标	序号	城镇	城镇坐标
9	Dinslaken	[51.57，6.73]	36	Witten	[51.43，7.33]
10	Rheinberg	[51.55，6.60]	37	Selm	[51.68，7.48]
11	Kamp-Lintfort	[51.50，6.53]	38	Werne	[51.67，7.63]
12	Neukirchen-Vluyn	[51.45，6.55]	39	Lünen	[51.62，7.52]
13	Moers	[51.45，6.63]	40	Bergkamen	[51.62，7.63]
14	Duisburg	[51.43，6.77]	41	Kamen	[51.60，7.67]
15	Essen	[51.45，7.02]	42	Bönen	[51.60，7.77]
16	Oberhausen	[51.47，6.87]	43	Unna	[51.53，7.68]
17	Mülheim	[51.43，6.88]	44	Holzwickede	[51.50，7.62]
18	Recklinghausen	[51.62，7.20]	45	Fröndenberg	[51.47，7.77]
19	Herten	[51.60，7.13]	46	Schwerte	[51.45，7.57]
20	Castrop-Rauxel	[51.55，7.32]	47	Hamm	[51.68，7.82]
21	Marl	[51.65，7.08]	48	Dortmund	[51.52，7.47]
22	Oer-Erkenschwick	[51.65，7.25]	49	Gelsenkirchen	[51.52，7.10]
23	Datteln	[51.65，7.35]	50	Bochum	[51.48，7.22]
24	Waltrop	[51.62，7.38]	51	Gladbeck	[51.57，7.00]
25	Dorsten	[51.67，6.97]	52	Bottrop	[51.52，6.92]
26	Haltern	[51.75，7.18]	53	Herne	[51.55，7.22]
27	Hagen	[51.37，7.48]			

表5-2 汉诺威地区中经过整合与换算的城镇序号与坐标位置

序号	城镇	城镇坐标	序号	城镇	城镇坐标
1	Barsinghausen	[52.30，9.47]	12	Neustadt am Rübenberge	[52.50，9.45]
2	Burgdorf	[52.45，10.01]	13	Pattensen	[52.27，9.76]
3	Burgwedel	[52.50，9.90]	14	Ronnenberg	[52.32，9.65]
4	Garbsen	[52.43，9.60]	15	Seelze	[52.39，9.59]
5	Gehrden	[52.31，9.60]	16	Sehnde	[52.32，9.97]
6	Hannover	[52.38，9.73]	17	Springe	[52.21，9.55]
7	Hemmingen	[52.32，9.73]	18	Uetze	[52.46，10.20]
8	Isernhagen	[52.48，9.80]	19	Wedemark	[52.53，9.72]
9	Laatzen	[52.31，9.81]	20	Wennigsen	[52.28，9.57]
10	Langenhagen	[52.45，9.74]	21	Wunsttorf	[52.42，9.44]
11	Lehrte	[52.37，9.98]			

5.2.2 城镇有效配送范围最大配送半径和最小配送半径的确认

在城镇序号和城镇坐标被确认的前提下，就可以对研究区域中配送面积进行分析和计算了，具体来说就是利用城镇序号输入城镇坐标算出该区域内有效的最大运输半径和最小运输半径。通过最大与最小半径的确认，在最合理的范围内，用最少的计算量算出若干种相对最合理的配送区域。所有的配送半径将根据城镇间的直线距离进行计算。所有以上准备工作都是精确计算最大、最小配送半径的前提。以下计算结果为城镇序号和城镇坐标带入程序（分别带入程序Ⅰ和程序Ⅱ进行有效配送半径范围最大值和最小值的计算）的计算结果。

1.鲁尔区有效配送范围最大配送半径和最小配送半径的确认

如表5-1和表5-2所示，所有待输入数据（城镇序号和城镇坐标）都将再次经过处理通过程序Ⅰ和程序Ⅱ进行计算。借助程序中球面积公式的应用和数据在程序中的代入和计算，结果中所有的配送距离都将按照地球球面积距离进行计算，该计算结果相对直线配送距离更为精确。

通过程序Ⅰ和程序Ⅱ计算鲁尔区的可用计算距离为：

B=[7.2188　7.2188　7.0444　7.3648　8.3372　7.3648　6.4580　4.8023　4.8023　6.4580　5.7297　5.5437　5.5437　7.6259　9.5536　4.5015　4.5015　4.7995　5.3208　6.9144　6.5440　4.7995　3.9262　3.9262　7.0444　12.1209　4.8132　8.9876　2.6227　2.6227　5.8928　4.1210　4.1273　5.8928　4.1210　6.5528　7.2199　5.5597　7.2199　3.5461　3.5461　6.9068　5.3260　5.3260　9.1281　6.5500　9.5413　10.4178　8.8730　7.7836　7.8432　6.5492　6.9144]

C=[82.7518　87.1266　66.5971　94.4726　72.4942　99.5712　90.4148　79.1692　76.2301　85.4660　91.3366　91.4328　86.1378　77.7334　60.9247　69.6797　70.6838　56.6109　51.8375　65.4101　51.7281　60.1355　67.0273　69.0375　59.5957　57.0220　81.0652　84.9760　76.0407　73.7744　60.5275　76.6719　74.1188　66.3337　74.1859　69.0350　76.1836　86.4280　78.7026　86.2965　89.1053　96.0084　90.3929　86.7515　97.5562　84.4508　99.5712　76.1498　52.8157　60.1310　57.9111　64.6570　58.5560]

B_{min}=12.1209 km

C_{max}=51.7281 km

B_{min}为研究区域中的最小有效配送半径。在该最小有效配送半径下，任意一个城镇至少可以借助该最小有效配送半径到达任意一个其他城镇。小于该最小有效配送半径的配送半径不能使任意一个城镇连接其他任意一个城镇。

C_{max}为研究区域中的最大有效配送半径。在该最大有效配送半径下，任意一个城镇都可以到达其他所有城镇。大于该最大有效配送半径的配送半径虽然可以使任意一个城镇到达所有其他城镇，但是这样的配送半径显然不是最优、最有效的配送半径，因为其最大配送半径可以无限大，而这样的配送半径是没有意义的。

2.汉诺威地区有效配送范围最大配送半径和最小配送半径的确认

通过程序Ⅰ和程序Ⅱ计算汉诺威地区的可用计算距离为：

B=[7.1558　9.1254　7.1265　4.4992　3.5761　6.6717　5.4374　5.2583　5.5506　5.2583　5.6011　8.9214　5.5989　3.5761　4.4992　5.6011　7.9019　12.9224　7.7608　3.9103　8.9214]

C=[52.6463　41.1005　40.0605　40.8020　44.0042　33.0907　35.4907　34.4928　32.2917　31.1896　38.7281　50.9856　36.5908　40.4395　42.0879　40.5545　52.1844　52.6463　37.4073　47.2226　51.7069]

B_{min}=12.9224 km

C_{max}=31.1896 km

汉诺威地区的城市密度远远小于鲁尔区，因此汉诺威地区的配送半径也小于鲁尔区。同时，为了得到区域范围内最优的最大和最小配送半径，必须在以上的计算结果中分别找到配送范围内最小有效配送半径的最大值"C_{max}"和配送范围内最大有效配送半径的最小值"B_{min}"。经过确认所有从"C_{max}"到"B_{min}"的值为配送区域有效范围最可能的最优配送半径区间，最优配送半径将在这个区间内通过计算和对比产生。接下来需要把此区间内所有配送半径代入程序Ⅲ和程序Ⅳ中进行计算和比较，通过此方法可以得到不同研究区域的最优配送半径。

5.2.3 对比和选择区域最优配送半径

所有城镇将通过按照程序Ⅰ和程序Ⅱ所算出的城镇纬度和经度组成的矩阵进行配送区域划分。按照这样的计算方法，每一个区间内有效配送半径（最大配送半径到最小配送半径）都会产生一系列被划分的配送区域及衍生的数据。按照其产生的数据和衍生数据，研究区域内的城镇将按照一定的规则和指标被划入最合理的配送区域。

为了使被划分的配送区域在实际上是有意义的，每个配送区域的城镇数量都需要大于1。

1.鲁尔区配送半径的确认

通过代入程序Ⅲ，所有可能的配送区域划分方案将在最大有效配送半径53 km和最小有效配送半径12 km之间进行计算。最大有效配送半径和最小有效配送半径的输入间隔为1 km。通过输入配送半径可以发现程序Ⅲ的计算结果如表5-3所示。

表 5-3　鲁尔区中按照区域范围内最小有效配送半径到最大有效配送半径产生的各种配送区域划分方案

配送半径	炼油厂Ⅰ	Ⅱ	Ⅲ	Ⅳ	Ⅴ	Ⅵ	Ⅶ	Ⅷ	Ⅸ	Ⅹ	Ⅺ	Ⅻ	ⅩⅢ	ⅩⅣ	ⅩⅤ	城镇总数
12km	49/6	30/8	10/7	39/7	18/5	43/5	1/4	16/4	3/2	31/2	6/1	26/1	47/1			50
13km	49/7	30/9	24/8	7/7	43/7	14/4	3/3	2/1	9/1	12/1	21/1	26/1	31/1	38/1	47/1	45
14km	49/8	30/10	1/8	39/8	43/5	13/4	21/4	16/2	3/1	6/1	20/1	47/1				49
15km	49/10	32/10	7/9	40/9	22/5	14/4	3/3	2/1	33/1	45/1						50
16km	49/11	9/10	32/10	39/9	4/3	42/3	3/2	22/2	12/1	17/1	33/1					50
17km	49/12	48/13	7/10	29/5	5/4	38/4	14/2	22/2	45/1							52
18km	49/13	48/14	10/12	29/5	42/4	25/3	2/1	17/1								51
19km	49/16	48/13	7/12	28/5	42/4	3/1	14/1	26/1								50
20km	49/17	40/14	8/13	27/7	6/1	26/1										51
21km	49/17	8/14	40/14	27/7	26/1											52
22km	49/17	48/15	8/14	28/4	42/2	26/1										52
23km	49/19	46/15	8/14	37/3	33/1	47/1										51
24km	49/19	46/15	8/14	37/4	33/1											52

续表

配送半径	炼油厂 I	II	III	IV	V	VI	VII	VIII	IX	X	XI	XII	XIII	XIV	XV	城镇总数
25km	49/21	46/15	1/13	37/3	33/1											52
26km	49/23	46/14	1/12	37/3	33/1											52
27km	49/27	46/15	1/10	47/1												52
28km	49/28	46/14	1/10	47/1												52
29km	49/28	46/14	1/10	47/1												52
30km	49/29	44/13	1/10	33/1												52
31km	49/31	44/13	1/9													53
32km	49/34	44/10	1/9													53
33km	49/34	43/10	1/9													53
34km	49/36	43/9	1/8													53
35km	49/37	43/9	1/7													53
36km	49/37	43/9	1/7													53
37km	49/38	43/8	1/7													53
38km	49/40	38/7	2/6													53
39km	49/42	38/6	2/5													53
40km	49/43	38/6	2/4													53
41km	49/47	2/3	42/3													53
42km	49/47	2/3	42/3													53
43km	49/48	42/3	4/2													53
44km	49/48	42/3	4/2													53
45km	49/48	42/3	4/2													53
46km	49/48	42/3	4/2													53
47km	49/49	4/2	42/2													53
48km	49/51	6/1	47/1													51
49km	49/51	6/1	47/1													51
50km	49/51	6/1	47/1													51
51km	49/52	47/1														52
52km	49/52	47/1														52

注：表中的数据格式为：

x——城镇的序号（城镇位置作为油库）；

y——每个被划分配送区域内的城镇数量；

I ~XV——每种配送区域的划分情景代码。

在以上计算中，所有只包括一座城镇的配送区域都将被自动删除。其主要理由为：

①城镇范围包括城市和乡镇，如果只是乡镇，其研究单位太小；

②有些城镇之间的界限并不是特别明显，有些城镇之间有经济区的重叠；

③有些城镇的耗油非常小，不值得专门为一个耗油低的城镇单独建立一个油库，更不可能单独划为一个配送区域。

通过以上计算结果可以得到不同可能性的配送区域划分方案。根据表5-3所示，所有被划分配送区域的数量（油库数量）都会随着配送半径的增加而减少。此时，随着配送区域数量的减少，配送的运输成本都急剧增加，其主要原因是石化产品配送的一次物流总质量（区域内石化产品的总需求量）相对较大，而相对较低的一次物流运输成本必定会导致二次物流运输成本的增加，因为一次物流的配送距离短了，必定会导致被划分的配送区域数量增加，这样二次物流的运输成本会升高。因此，整体运输距离与整体运输质量间的平衡关系非常重要，如何找到一个最优的平衡点是关键，趋近最优可以使一次物流和二次物流的整体运输成本达到最优。

通过程序计算的结果已被量化，但只通过以上数据仍然非常难发现到底哪个配送半径最优，因为需要考虑的指标太多，分别有每个区域包含配送城镇数量、总体配送半径，以及配送区域数量等。为了更加清楚、明白地展示程序计算结果，所有数据将通过图5-4进行表示。

经综合分析，从图5-4中可以发现，最可能的配送半径是12~47 km。因为在这个区间内，所有配送区域所包含的配送城镇大于1。此外，从图5-4中还可以发现，大部分城镇都是在相对较短的配送半径范围内被分别划入不同的配送区域，但是相对较短的配送半径会直接导致配送区域和油库的数量过多，这样势必会造成一次物流运输成本的增加。相反，如果代入相对较长的配送半径，则会造成二次物流成本的巨大增长，其二次物流成本的增加主要是由配送区域数量减少所造成的（配送区域和油库的数量减少，各个区域二次物流需要配送的距离会增大）。对比表5-3可以发现，在配送半径超过48 km之后，整个研究区域只会有一个配送区域，而有炼油厂的研究区域中，按照程序Ⅲ的计算，第一个配送区域永远只可能是炼油厂作为油库进行划分，在鲁尔区中只有

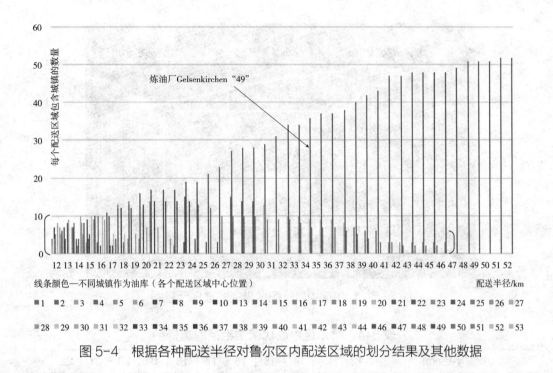

线条颜色—不同城镇作为油库（各个配送区域中心位置）　　　　　　　　　　　　　　配送半径/km

图 5-4　根据各种配送半径对鲁尔区内配送区域的划分结果及其他数据

一个炼油厂，该炼油厂位于该区的中心 Gelsenkirchen，该城镇在程序序号中为"49"。通过对比可以发现，配送半径在 47 km 后为无效配送半径，这部分配送半径将不作为之后的对比考虑范围。

　　以上程序的计算原则是基于该研究区域炼油厂的位置（城镇"49"为炼油厂 Gelsenkirchen）进行的。所以无论是从表 5-3 还是从图 5-4 来看，城镇"49"作为炼油厂永远被排在第一位，其主要依据是按照就近配送原则进行划分，因为在一个合理的配送半径前提下，所有的石化产品都需要从炼油厂送出，而每个炼油厂都必定有自己的油库进行一次和二次物流的配送准备，所以炼油厂的油库在本区域将直接作为二次物流的油库，这样就会为整体运输最大限度节省成本。

　　最后，为了在现有计算结果中选出最优配送半径，按照第 4.4.3.3 节的方法进行数据的再计算，并可以通过图 5-5 和表 5-4 鲁尔区配送区域的划分找到最优配送半径（配送半径的计算过程参考附录 B.5）。

　　通过以上程序的运行结果和数据的对比结果可以发现，得分最高的配送半径为 15 km，即 15 km 的配送半径在鲁尔区中的实际效果最好，无论是一次物

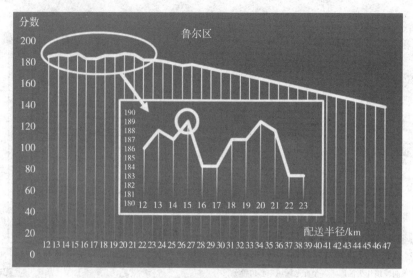

图 5-5 鲁尔区中最优配送半径的选择示意图

表 5-4 鲁尔区中最优配送半径的选择

配送半径/km		12	13	14	15	16	17	18	19	20	21	22	…
x	被划分配送区域的数量	10	7	8	7	8	8	6	5	4	4	5	…
y	被划分的城镇数量	50	45	49	50	50	52	51	50	51	52	52	…

注：x为被划分配送区域的数量（每个配送区域有一个油库）。
　　y为被划分的城镇数量。

流、二次物流，还是配送区域的数量和城镇的配给距离，所有的指标综合分数为最高。因此鲁尔区进行划分的最适合配送半径为15 km。

2.汉诺威地区配送半径的确认

汉诺威地区为无炼油厂的研究区域，因此，在划分的时候不需要把有炼油厂的城镇作为第一个配送区域（第一个油库）。汉诺威地区的配送半径区间（最小到最大配送半径）为12~32 km。经过程序计算可以得到如表5-5所示的程序计算结果。

表 5-5 汉诺威地区中按照区域范围内最小有效配送半径到最大有效配送半径
产生的各种配送区域划分方案

配送半径/km	I	II	III	IV	V	VI	城镇总数
12	5/9	8/4	11/3	21/3	9/1̶	18/1̶	19
13	6/10	2/4	1/3	12/2	16/1̶	19/1̶	19

配送半径/km	I	II	III	IV	V	VI	城镇总数
14	14/11	3/5	11/2	12/2	~~18/1~~		20
15	5/11	2/6	10/2	12/2			21
16	14/12	2/6	12/2	~~19/1~~			20
17	4/13	2/5	13/3				21
18	6/15	1/3	2/2	~~12/1~~			20
19	6/15	1/3	2/2	~~12/1~~			20
20	6/16	2/2	12/2	17/2			21
21	6/18	~~12/1~~	~~17/1~~	~~18/1~~			18
22	6/18	~~12/1~~	~~17/1~~	~~18/1~~			18
23	6/19	~~12/1~~	~~18/1~~				19
24	6/20	~~18/1~~					20
25	6/20	~~18/1~~					20
26	6/20	~~18/1~~					20
27	6/20	~~18/1~~					20
28	4/20	~~18/1~~					20
29	4/20	~~18/1~~					20
30	4/20	~~18/1~~					20
31	4/20	~~18/1~~					20
32	10/21						21

注：表中的数据格式为：

x——城镇的序号（城镇位置作为油库）；

y——每个被划分配送区域内的城镇数量；

I～VI——每个配送区域的划分情景代码。

在以上计算中，所有只包括一座城镇的配送区域都将被自动删除。其主要理由为：

①城镇范围包括城市和乡镇，如果只是乡镇，其研究单位太小；

②有些城镇之间的界限并不是特别明显，有些城镇之间有经济区的重叠；

③有些城镇的耗油非常小，不值得专门为一个耗油低的城镇单独建立一个油库，更不可能单独划为一个配送区域。

与鲁尔区的划分步骤相同，汉诺威地区的配送半径间隔也为1km。由于汉诺威地区相对鲁尔区面积较小，因此，产生的数据也相对较少。为了更容易找到有效配送半径区间，所有数据同样被整理为图5-6进行对比。

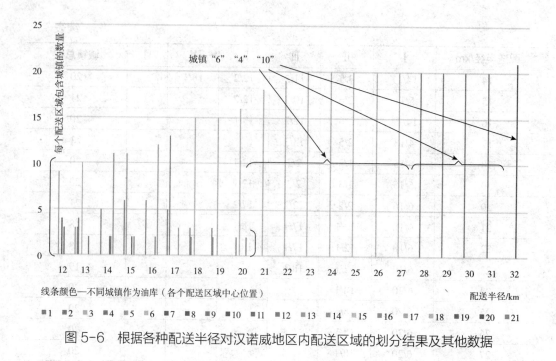

图 5-6　根据各种配送半径对汉诺威地区内配送区域的划分结果及其他数据

通过对比可以发现，汉诺威地区的有效配送半径区间为12~20 km。如图5-6所示配送半径在21 km之后，城镇"4""6""10"在其配送区域内只有一座城镇，这种情况下为非有效配送半径范围，其配送成本较高且效果较差，因此，这类配送半径区间不在此计算范围内。按照第4.4.3.3节所介绍的方法进行代入，得到计算结果如图5-7和表5-6所示（计算过程请参考附录B.6）。

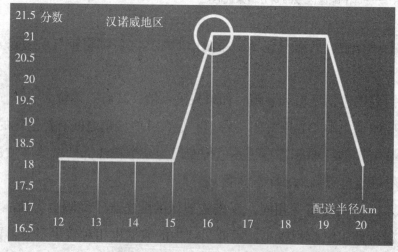

图 5-7　汉诺威地区中最优配送半径的选择示意图

表 5-6 汉诺威地区中最优配送半径的选择

配送半径/km		12	13	14	15	<u>16</u>	17	18	19	20	⋯
x	被划分配送区域的数量	4	4	4	4	<u>3</u>	3	3	3	3	⋯
y	被划分的城镇数量	19	19	20	21	<u>20</u>	21	20	20	21	⋯

通过图5-7和表5-6的对比可以得出，汉诺威地区得分最高的配送半径为16km，此配送半径为综合效果最优。由于该区域没有炼油厂，所以导致所有石化产品需要从不同的其他炼油厂进行配送。因此，被划分配送区域的数量则成为该区域的首要考虑因素。此外，汉诺威地区的石化产品运输密度和重量（石化产品的消耗）也与鲁尔区相差较大，石化产品的一次物流成本会随着配送区域数量的增加而成倍增加。

5.2.4 对整个配送区域进行划分

在对最适合划分半径进行确认之后，所有城镇的坐标（位置）将会被导入程序Ⅲ和程序Ⅳ进行计算和划分，所有城镇将按照其最适合的配送半径被划分为不同的配送区域。

（1）鲁尔区（见表5-7）。

表 5-7 鲁尔区第一次配送区域划分（按照城镇需要进行划分）

配送区域1	配送区域2	配送区域3	配送区域4	配送区域5	配送区域6	配送区域7
城镇序号						
15 Essen	27 Hagen	1 Wesel	37 Selm	20 Castrop-Rauxel	13 Moers	3 Schermbeck
18 Recklinghausen	28 Breckerfeld	4 Xanten	38 Werne	22 Oer-Erkenschwick	14 Duisburg	5 Hünxe
19 Herten	29 Ennepetal	6 Sonsbeck	39 Lünen	23 Datteln	16 Oberhausen	25 Dorsten
21 Marl	30 Gevelsberg	7 Alpen	40 Berg-kamen	24 Waltrop	17 Mülheim	
31 Hattingen	32 Herdecke	8 Voerde	41 Kamen	26 Haltern		

配送区域1	配送区域2	配送区域3	配送区域4	配送区域5	配送区域6	配送区域7
城镇序号						
49 Gelsenkirchen	34 Sprockhövel	9 Dinslaken	42 Bönen			
50 Bochum	35 Wetter	10 Rheinberg	43 Unna			
51 Gladbeck	36 Witten	11 Kamp-Lintfort	44 Holzwickede	经过第一次划分，按照最优配送距离进行划分，仍未被划入的城镇为：Hamminkeln（2），Schwelm（33）和Fröndenberg（45）		
52 Bottrop	46 Schwerte	12 Neukirchen-Vluyn	47 Hamm			
53 Herne	48 Dortmund					

（2）汉诺威地区（见表5-8）。

表5-8　汉诺威地区第一次配送区域划分

配送区域1		配送区域2	配送区域3
城镇序号		城镇序号	城镇序号
1 Barsinghausen	10 Langenhagen	2 Burgdorf	12 Neustadt
4 Garbsen	13 Pattensen	3 Burgwedel	21 Wunsttorf
5 Gehrden	14 Ronnenberg	8 Isernhagen	
6 Hannover	15 Seelze	11 Lehrte	
7 Hemmingen	17 Springe	16 Sehnde	
9 Laatzen		18 Uetze	

经过第一次划分，按照最优配送距离进行划分，仍未被划入的城镇为：Wedemark（19）

表5-7、表5-8为配送区域的第一次划分结果，经过划分，按照程序Ⅲ和程序Ⅳ进行计算，鲁尔区仍有三个城镇、汉诺威地区仍有一个城镇未被划入。为了使这些相对偏远的城镇进一步被划分，将继续对配送区域进行三次划分，使所有城镇都被划入，并使整体配送距离达到最优。

5.2.5 油库位置的第一次调整：油库位置从中点至临时最优位置的推移

5.2.5.1 划分参数

配送区域中油库位置的调整主要是按照各个区域中从油库到各个城镇间的配送距离和实际各个城镇的耗油量作为划分参数进行计算的。各个城镇的耗油量将作为各个城镇的"权重"对各个油库的位置进行计算和调整。划分参数将按照各种机动车类型进行归类和整合。

为了使各个配送区域在最大程度上被精确划分，各个城镇的耗油量将按照各个城镇中不同的机动车进行归类和汇总，并确保各个城镇的总耗油量和所有机动车的总耗油量之间的关系。表5-9为德国境内各种类型机动车平均耗油情况统计表。所有机动车类型都将按照年进行统计。按照其耗油总量，对不同类型的机动车进行汇总，然后衍生出一个划分参数对油库的位置进行影响。参照附录B.3和附录B.4。

表 5-9 2012 年德国境内机动车耗油与划分参数

目录	类型	保有量	总数	平均行驶里程/1000km	1000km平均耗油/L	总耗油	划分参数（权重）
摩托车	轻型摩托车	2089	6055	2.3	20	655300	108.22
	摩托车	3966		3	47		
轿车	汽油机轿车	30281	42860	11.1	78	43578825.6	1016.77
	柴油机轿车	12579		20.6	67		
卡车	汽油机卡车	129	2552	14	115	11474640	4496.33
	柴油机卡车	2423		25	186		
牵引车	汽油机牵引车	34	1440	2	170	7353626.2	5106.68
	柴油机牵引车	1224		4.3	301		
	载拖式牵引车	182		91.7	345		
其他机动车	汽油机客车	0.1	344	15.5	180	1792040.7	5209.42
	其他汽油机机动车	23.5		9.9	170		
	其他柴油机客车	74.4		43.7	290		
	其他柴油机机动车	246		14	235		

表5-9的最后一列为德国境内各个区域的平均"划分参数"（按照德国境内各种类型机动车耗油情况衍生）。该"划分参数"的计算过程为：

$$V_{总数} = \sum_{i=1}^{n} V_i = \sum_{i=1}^{n} B_i \cdot F_i \cdot K_i \qquad (5-1)$$

$$UP_i = \frac{V_{总数}}{S_i} \qquad (5-2)$$

其中：$V_{总数}$——总耗油量；

V_i——第 i 种机动车类型的总耗油量；

B_i——第 i 种机动车类型的保有量；

F_i——第 i 种机动车类型的平均行驶里程（按照1000km）；

K_i——第 i 种机动车类型每1000km的耗油量；

UP_i——第 i 种机动车类型的划分参数（UP_i为第 i 种机动车类型耗油的标准）；

S_i——被划分机动车类型的总量。

5.2.5.2　各个配送区域中城镇的权重和油库位置的调整

通过以上程序（程序Ⅲ和程序Ⅳ）的计算结果可以发现，油库的位置只是被定位在各个配送区域的正中心城镇。此时油库的位置并不是最优位置，因为此时的计算结果是按照每个城镇拥有相同油耗量的前提进行计算的，而现实中，所有城镇的油耗量（权重）都不一样。因此，这里需要特别注意，各个配送区域的各个油库都需要按照各个城镇的实际耗油量进行调整，耗油量越大的城镇，对油库的位置理论上也影响越大。

对于油库位置的第一次调整，主要有两个影响因素：一是从油库到各个城镇的配送距离。配送距离在这里是通过球面积的直线距离进行计算的，该配送距离的计算原理是按照从油库到城镇所有路线中的最短配送距离进行确认。二是通过各个城镇的耗油量（权重）对油库位置进行反作用的调整。所有城镇的耗油量将通过划分参数按照程序的计算进行调整，也就是说，各个城镇都会对各个配送区域的二次物流进行不同程度的影响，使油库的位置进行各个方向的调整和偏移。按照各个城镇的耗油情况，油库会向油耗大的城镇进行移动，而对于油耗相对较小的城镇来说，从油库到城镇的配送距离则可能增加，油库的移动方向可以是任意方向的。式（5-3）为程序中实际的计算理念：以各个城镇的耗油量作为权重，对油库的位置进行多次优化和调整。

$$f(x)=\sum_{t=1}^{m} w_i d_i(X,\ P_i) \qquad （5-3）$$

式中：$f(x)$——从油库到各个城镇的运输成本标准；

　　　w_i——第 i 个城镇的权重（耗油量）；

　$d_i(x_i,\ y_i)$——从调整后油库位置到第 i 个城镇运输距离；

　$X=(x,\ y)$——调整后油库位置的坐标；

$P_i=(a_i,\ b_i)$——各个配送区域中城镇的坐标。

　　随着划分参数的导入，所有城镇中机动车的耗油量将统一按照相同的权重规格被换算（参照附录B.12和附录B.13）。至此，所有城镇的耗油量都按照被研究区域的权重准备完毕。按照程序Ⅲ和程序Ⅳ的计算结果，所有加权后的数据将被导入程序Ⅴ进行油库位置的调整和优化。表5-10为程序Ⅴ的计算结果。

表 5-10　鲁尔区中各个配送区域油库的第一次调整结果　　单位：百万升

配送区域1				配送区域2			
序号	城镇	坐标	权重	序号	城镇	坐标	权重
15	Essen	[51.45, 7.02]	357.81	27	Hagen	[51.37, 7.48]	122.92
18	Recklinghausen	[51.62, 7.20]	75.92	28	Breckerfeld	[51.27, 7.47]	8.55
19	Herten	[51.60, 7.13]	43.02	29	Ennepetal	[51.30, 7.35]	26.09
21	Marl	[51.65, 7.08]	56.5	30	Gevelsberg	[51.32, 7.33]	23.56
31	Hattingen	[51.40, 7.18]	39.41	32	Herdecke	[51.40, 7.43]	18.1
49	Gelsenkirchen	[51.52, 7.10]	153.19	34	Sprockhövel	[51.37, 7.25]	22.46
50	Bochum	[51.48, 7.22]	251.62	35	Wetter	[51.38, 7.38]	22.38
51	Gladbeck	[51.57, 7.0]	45.35	36	Witten	[51.43, 7.33]	66.19
52	Bottrop	[51.52, 6.92]	80.72	46	Schwerte	[51.45, 7.57]	34.16
53	Herne	[51.55, 7.22]	92.18	48	Dortmund	[51.52, 7.47]	339.9
第一次调整	Gelsenkirchen*	[51.52, 7.10]		第一次调整	Dortmund	[51.52, 7.47]	
配送区域3				配送区域4			
序号	城镇	坐标	权重	序号	城镇	坐标	权重
1	Wesel	[51.67, 6.62]	45.94	37	Selm	[51.68, 7.48]	20.58

续表

配送区域3				配送区域4			
序号	城镇	坐标	权重	序号	城镇	坐标	权重
4	Xanten	[51.67，6.45]	16.4	38	Werne	[51.67，7.63]	24.35
6	Sonsbeck	[51.62，6.38]	8.57	39	Lünen	[51.62，7.52]	53.95
7	Alpen	[51.58，6.52]	15	40	Bergkamen	[51.62，7.63]	31.95
8	Voerde	[51.60，6.68]	27.11	41	Kamen	[51.60，7.67]	29.41
9	Dinslaken	[51.57，6.73]	48.13	42	Bönen	[51.60，7.77]	14.48
10	Rheinberg	[51.55，6.60]	24.51	43	Unna	[51.53，7.68]	45.36
11	Kamp-Lintfort	[51.50，6.53]	26.37	44	Holzwickede	[51.50，7.62]	14.48
12	Neukirchen-Vluyn	[51.45，6.55]	20.19	47	Hamm	[51.68，7.82]	117.4
第一次调整	Voerde	[51.58，6.62]		第一次调整	Bergkamen	[51.62，7.67]	
配送区域5				配送区域6			
序号	城镇	坐标	权重	序号	城镇	坐标	权重
20	Castrop-Rauxel	[51.55，7.32]	48.83	13	Moers	[51.45，6.63]	75.22
22	Oer-Erkenschwick	[51.65，7.25]	18.74	14	Duisburg	[51.43，6.77]	285.53
23	Datteln	[51.65，7.35]	24.67	16	Oberhausen	[51.47，6.87]	131.76
24	Waltrop	[51.62，7.38]	21.97	17	Mülheim	[51.43，6.88]	113.26
26	Haltern	[51.75，7.18]	29.12				
第一次调整	Datteln	[51.63，7.32]		第一次调整	Duisburg	[51.43，6.77]	

配送区域7			
序号	城镇	坐标	权重
3	Schermbeck	[51.70，6.88]	14.54
5	Hünxe	[51.65，6.77]	14.4
25	Dorsten	[51.67，6.97]	60.68
第一次调整	Dorsten	[51.67，6.97]	

注：由于鲁尔区是有炼油厂的研究区域，所以炼油厂Gelsenkirchen将作为第一个配送区域的油库存在，主要原因是所有石化产品都将从炼油厂运出。

表 5-11 汉诺威地区中各个配送区域油库的第一次调整结果 单位：百万升

配送区域1				配送区域2			
序号	城镇	坐标	权重	序号	城镇	坐标	权重
1	Barsinghausen	[52.30，9.47]	24.03	2	Burgdorf	[52.45，10.01]	20.64
4	Garbsen	[52.43，9.60]	41.94	3	Burgwedel	[52.50，9.90]	18.56
5	Gehrden	[52.31，9.60]	11.01	8	Isernhagen	[52.48，9.80]	23.23
6	Hannover	[52.38，9.73]	274.59	11	Lehrte	[52.37，9.98]	32.04
7	Hemmingen	[52.32，9.73]	14.75	16	Sehnde	[52.32，9.97]	17.44
9	Laatzen	[52.31，9.81]	24.84	18	Uetze	[52.46，10.20]	18.54
10	Langenhagen	[52.45，9.74]	46.73	第一次调整	Burgdorf	[52.42，9.98]	
13	Pattensen	[52.27，9.76]	15.39	配送区域3			
14	Ronnenberg	[52.32，9.65]	17.59	序号	城镇	坐标	权重
15	Seelze	[52.39，9.59]	20.31	12	Neustadt	[52.50，9.45]	38.84
17	Springe	[52.21，9.55]	23.68	21	Wunsttorf	[52.42，9.44]	30.69
20	Wennigsen	[52.28，9.57]	10.67				
第一次调整	Hannover	[52.38，9.73]		第一次调整	Wunstorf	[52.50，9.45]	

如表5-11所示，所有城镇都按照统一的权重和单位进行换算，如所有城镇耗油量的单位都被换算为百万升，并配有其各自的权重。至此，所有油库的位置比起程序Ⅲ和程序Ⅳ的结果更为合理。为了更容易理解，所有数据将通过图5-8和图5-9按照实际的城镇分布和配送区域划分进行展示。图5-8为优化前实际配送分布（按照配送半径15km以内）。图5-9为第一次油库位置优化后示意图（按照配送半径15km以内）。

通过图5-8和图5-9对比可以发现，按照实际配送状况，如果按照算出的配送半径计算，仍有18个城镇（深色）无法进行配送（球面积直线距离）。但是，按照程序Ⅴ进行计算，在油库被调整后，只有3个城镇（深色）无法进行配送（球面积直线距离）。

按照以上方法，再次对汉诺威地区进行计算，可以得到以下对比图（见图5-10、图5-11）。

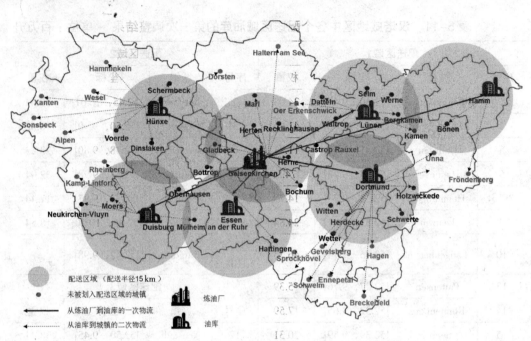

图 5-8　鲁尔区实际配送区域及城镇示意图（配送半径 15 km）

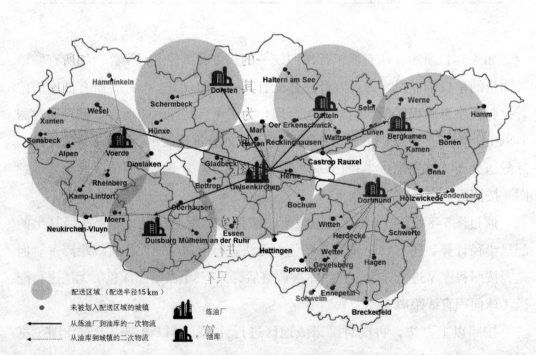

图 5-9　鲁尔区各配送区域油库位置第一次调整后城镇分布及配送分布（配送半径 15 km）

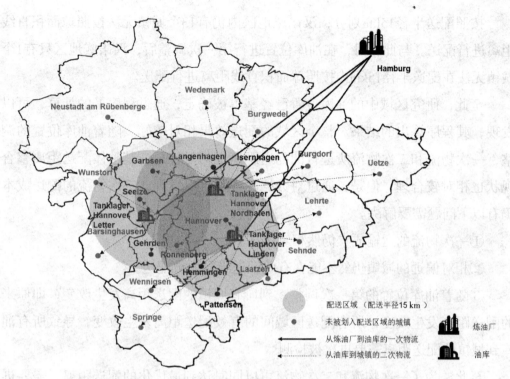

图 5-10 汉诺威地区实际配送区域及城镇示意图（配送半径 15 km）

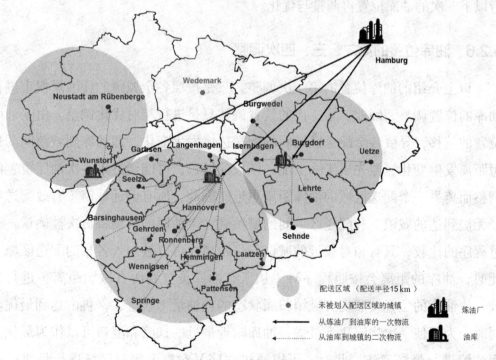

图 5-11 汉诺威地区各配送区域油库位置第一次调整后城镇分布及配送分布
（配送半径 15 km）

按照配送半径15km划分，汉诺威地区内仍有13个城镇无法按照球面积直线距离进行配送。与此相对，在油库位置进行第一次调整后，汉诺威地区只有1个城镇无法在配送半径15km内按照球面积直线距离进行配送。

至此，研究区域中的油库位置已经基本被确定，通过程序Ⅴ的计算，可以发现，其程序算出的结果对整个区域的配送效果相对较好。随着油库位置的调整，一次物流和二次物流所进行的配送距离也相对较短，其整体配送距离整合现状也相对较合理。但是，通过对数据的观察可以发现，二次物流的配送成本仍有以下问题需要解决。

①一次物流的运输成本仍然相对较高。

②相对偏远的城镇仍然不能在有效配送半径内被配送。

③随着油库位置的第一次调整，到所有城镇的配送距离发生改变，即原来的配送距离发生改变，所有配送区域间的有效配送距离发生改变，导致所有油库到城镇的配送距离需要再次被检测。

至此，为了一次物流和二次物流可以同时达到最优化的配送距离，需要进行以下三次的油库位置再调整与优化。

5.2.6　油库位置的第二、三、四次调整

以上介绍的油库位置的第一次调整，只是按照各个城镇的耗油量权重进行油库的位置调整，因此，第一次的位置调整只是进行相对优化调整。由于油库位置的偏移，导致各个配送区域间的配送边境发生变化，即油库到城镇间的最短距离发生变化，原先属于一个配送区域的城镇，可能经过第一次油库位置的调整而离另一个配送区域的油库距离更近，因此，所有偏远城镇（有效配送半径无法到达的城镇）和配送区域间的城镇到各个油库的距离将再次被确认，经过程序的比较，只有相对较近的城镇配送距离才可以被划入各自的配送区域。此时，油库的距离会按照程序Ⅵ（从所有油库位置到所有城镇距离）进行比较，使油库的位置按照现有城镇归属状态的耗油量（权重），再次达到最优。同时，为了使一次物流达到最优，油库附近最近的铁路和港口可以作为最优油库位置进行最终确认。此时，可以通过程序Ⅴ对整个研究区域进行最终的验证，以鲁尔区为例，其验证结果见表5-12和表5-13。

（1）鲁尔区最优配送区域划分结果和最优油库位置如图5-12所示。

表5-12 鲁尔区被优化的配送区域和油库位置（第二、三次油库位置调整，程序Ⅵ和程序Ⅴ）

配送区域1				配送区域2			
序号	城镇	坐标	权重	序号	城镇	坐标	权重
15	Essen	[51.45, 7.02]	357.81	20	Castrop-Rauxel	[51.55, 7.32]	48.83
19	Herten	[51.60, 7.13]	43.02	27	Hagen	[51.37, 7.48]	122.92
31	Hattingen	[51.40, 7.18]	39.41	28	Breckerfeld	[51.27, 7.47]	8.55
34	Sprockhövel	[51.37, 7.25]	22.46	29	Ennepetal	[51.30, 7.35]	26.09
49	Gelsenkirchen	[51.52, 7.10]	153.19	30	Gevelsberg	[51.32, 7.33]	23.56
50	Bochum	[51.48, 7.22]	251.62	32	Herdecke	[51.40, 7.43]	18.1
51	Gladbeck	[51.57, 7.0]	45.35	33	Schwelm	[51.28, 7.30]	20.54
52	Bottrop	[51.52, 6.92]	80.72	35	Wetter	[51.38, 7.38]	22.38
53	Herne	[51.55, 7.22]	92.18	36	Witten	[51.43, 7.33]	66.19
				44	Holzwickede	[51.50, 7.62]	14.48
				46	Schwerte	[51.45, 7.57]	34.16
				48	Dortmund	[51.52, 7.47]	339.9
第二、三次调整		[51.53, 7.07]		第二、三次调整		[51.52, 7.47]	
最近有效港口*		[51.53, 7.07]		最近有效港口*		[51.53, 7.44]	
配送区域3				配送区域4			
序号	城镇	坐标	权重	序号	城镇	坐标	权重
1	Wesel	[51.67, 6.62]	45.94	38	Werne	[51.67, 7.63]	24.35
2	Hamminkeln	[51.73, 6.58]	27.7	39	Lünen	[51.62, 7.52]	53.95
4	Xanten	[51.67, 6.45]	16.4	40	Bergkamen	[51.62, 7.63]	31.95
5	Hünxe	[51.65, 6.77]	14.4	41	Kamen	[51.60, 7.67]	29.41
6	Sonsbeck	[51.62, 6.38]	8.57	42	Bönen	[51.60, 7.77]	14.48
7	Alpen	[51.58, 6.52]	15	43	Unna	[51.53, 7.68]	45.36
8	Voerde	[51.60, 6.68]	27.11	45	Fröndenberg	[51.47, 7.77]	35.32
9	Dinslaken	[51.57, 6.73]	48.13	47	Hamm	[51.68, 7.82]	117.4
10	Rheinberg	[51.55, 6.60]	24.51				
11	Kamp-Lintfort	[51.50, 6.53]	26.37				
第二、三次调整		[51.61, 6.64]		第二、三次调整		[51.61, 7.68]	
最近有效港口*		[51.63, 6.61]		最近有效港口*		[51.64, 7.64]	

续表

配送区域5				配送区域6			
序号	城镇	坐标	权重	序号	城镇	坐标	权重
18	Recklinghausen	[51.62，7.20]	75.92	12	Neukirchen-Vluyn	[51.45，6.55]	20.19
22	Oer-Erkenschwick	[51.65，7.25]	18.74	13	Moers	[51.45，6.63]	75.22
23	Datteln	[51.65，7.35]	24.67	14	Duisburg	[51.43，6.77]	285.53
24	Waltrop	[51.62，7.38]	21.97	16	Oberhausen	[51.47，6.87]	131.76
26	Haltern	[51.75，7.18]	29.12	17	Mülheim	[51.43，6.88]	113.26
37	Selm	[51.68，7.48]	20.58				
第二、三次调整		[51.64，7.24]		第二、三次调整		[51.43，6.77]	
最近有效港口*		[51.66，7.36]		最近有效港口*		[51.45，6.75]	

配送区域7			
序号	城镇	坐标	权重
3	Schermbeck	[51.70，6.88]	14.54
21	Marl	[51.65，7.08]	56.5
25	Dorsten	[51.67，6.97]	60.68
第二、三次调整		[51.67，6.97]	
最近有效港口*		[51.67，6.97]	

注：按照现有铁路和水路基础设施建造情况，该区域内水路运输的成本比铁路更加少，所以，该区域内各个配送油库位置均按照港口确立。

表5-13　鲁尔区被优化的配送区域和油库位置（第四次调整，程序Ⅵ）

配送区域1*				配送区域2*			
序号	城镇	坐标	权重	序号	城镇	坐标	权重
15	Essen	[51.45，7.02]	357.81	20	Castrop-Rauxel	[51.55，7.32]	48.83
19	Herten	[51.60，7.13]	43.02	27	Hagen	[51.37，7.48]	122.92
31	Hattingen	[51.40，7.18]	39.41	28	Breckerfeld	[51.27，7.47]	8.55
34	Sprockhövel	[51.37，7.25]	22.46	29	Ennepetal	[51.30，7.35]	26.09
49	Gelsenkirchen	[51.52，7.10]	153.19	30	Gevelsberg	[51.32，7.33]	23.56
50	Bochum	[51.48，7.22]	251.62	32	Herdecke	[51.40，7.43]	18.1
51	Gladbeck	[51.57，7.0]	45.35	33	Schwelm	[51.28，7.30]	20.54
52	Bottrop	[51.52，6.92]	80.72	35	Wetter	[51.38，7.38]	22.38
53	Herne	[51.55，7.22]	92.18	36	Witten	[51.43，7.33]	66.19

配送区域1*				配送区域2*			
序号	城镇	坐标	权重	序号	城镇	坐标	权重
				44	Holzwickede	[51.50，7.62]	14.48
				46	Schwerte	[51.45，7.57]	34.16
				48	Dortmund	[51.52，7.47]	339.9
最终调整（最近有效港口）		[51.53，7.07]		最终调整（最近有效港口）		[51.53，7.44]	

配送区域3*				配送区域4*			
序号	城镇	坐标	权重	序号	城镇	坐标	权重
1	Wesel	[51.67，6.62]	45.94	38	Werne	[51.67，7.63]	24.35
2	Hamminkeln	[51.73，6.58]	27.7	39	Lünen	[51.62，7.52]	53.95
4	Xanten	[51.67，6.45]	16.4	40	Bergkamen	[51.62，7.63]	31.95
5	Hünxe	[51.65，6.77]	14.4	41	Kamen	[51.60，7.67]	29.41
6	Sonsbeck	[51.62，6.38]	8.57	42	Bönen	[51.60，7.77]	14.48
7	Alpen	[51.58，6.52]	15	43	Unna	[51.53，7.68]	45.36
8	Voerde	[51.60，6.68]	27.11	45	Fröndenberg	[51.47，7.77]	35.32
9	Dinslaken	[51.57，6.73]	48.13	47	Hamm	[51.68，7.82]	117.4
10	Rheinberg	[51.55，6.60]	24.51				
11	Kamp-Lintfort	[51.50，6.53]	26.37				
最终调整（最近有效港口）		[51.63，6.61]		最终调整（最近有效港口）		[51.64，7.64]	

配送区域5*				配送区域6*			
序号	城镇	坐标	权重	序号	城镇	坐标	权重
18	Recklinghausen	[51.62，7.20]	75.92	12	Neukirchen-Vluyn	[51.45，6.55]	20.19
22	Oer-Erkenschwick	[51.65，7.25]	18.74	13	Moers	[51.45，6.63]	75.22
23	Datteln	[51.65，7.35]	24.67	14	Duisburg	[51.43，6.77]	285.53
24	Waltrop	[51.62，7.38]	21.97	16	Oberhausen	[51.47，6.87]	131.76
26	Haltern	[51.75，7.18]	29.12	17	Mülheim	[51.43，6.88]	113.26
37	Selm	[51.68，7.48]	20.58				
最终调整（最近有效港口）		[51.66，7.36]		最终调整（最近有效港口）		[51.45，6.75]	

续表

配送区域7*			
序号	城镇	坐标	权重
3	Schermbeck	[51.70，6.88]	14.54
21	Marl	[51.65，7.08]	56.5
25	Dorsten	[51.67，6.97]	60.68
最终调整（最近有效港口）		[51.67，6.97]	

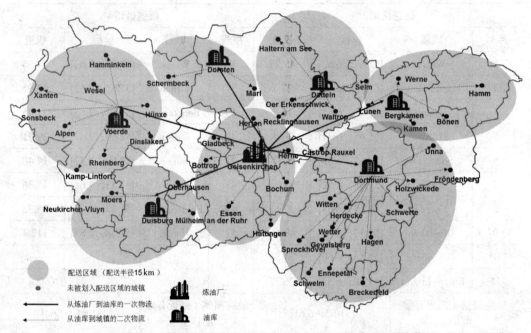

图5-12 鲁尔区最优配送区域划分结果和最优油库位置

（2）汉诺威地区被优化的配送区域和油库位置见表5-14和表5-15，以及如图5-13所示。

表5-14 汉诺威地区被优化的配送区域和油库位置（第二、三次油库位置调整，程序Ⅵ和程序Ⅴ）

配送区域1				配送区域2			
序号	城镇	坐标	权重	序号	城镇	坐标	权重
4	Garbsen	[52.43，9.60]	41.94	2	Burgdorf	[52.45，10.01]	20.64
5	Gehrden	[52.31，9.60]	11.01	3	Burgwedel	[52.50，9.90]	18.56
6	Hannover	[52.38，9.73]	274.59	11	Lehrte	[52.37，9.98]	32.04

续表

配送区域1				配送区域2			
序号	城镇	坐标	权重	序号	城镇	坐标	权重
7	Hemmingen	[52.32，9.73]	14.75	16	Sehnde	[52.32，9.97]	17.44
8	Isernhagen	[52.48，9.80]	23.23	18	Uetze	[52.46，10.20]	18.54
9	Laatzen	[52.31，9.81]	24.84				
10	Langenhagen	[52.45，9.74]	46.73	第二、三次调整		[52.37，9.98]	
13	Pattensen	[52.27，9.76]	15.39	最近有效港口		[52.38，9.88]	
14	Ronnenberg	[52.32，9.65]	17.59	配送区域3			
15	Seelze	[52.39，9.59]	20.31	序号	城镇	坐标	权重
17	Springe	[52.21，9.55]	23.68	1	Barsinghausen	[52.30，9.47]	24.03
19	Wedemark	[52.53，9.72]	26.79	12	Neustadt	[52.50，9.45]	38.84
20	Wennigsen	[52.28，9.57]	10.67	21	Wunsttorf	[52.42，9.44]	30.69
第二、三次调整		[52.38，9.73]		第二、三次调整		[52.50，9.45]	
最近有效港口		[52.42，9.72]		最近有效港口		[52.40，9.45]	

表 5-15　汉诺威地区被优化的配送区域和油库位置（第四次调整，程序Ⅵ）

配送区域1				配送区域2			
序号	城镇	坐标	权重	序号	城镇	坐标	权重
4	Garbsen	[52.43，9.60]	41.94	2	Burgdorf	[52.45，10.01]	20.64
6	Hannover	[52.38，9.73]	274.59	3	Burgwedel	[52.50，9.90]	18.56
7	Hemmingen	[52.32，9.73]	14.75	9	Laatzen	[52.31，9.81]	24.84
8	Isernhagen	[52.48，9.80]	23.23	11	Lehrte	[52.37，9.98]	32.04
10	Langenhagen	[52.45，9.74]	46.73	13	Pattensen	[52.27，9.76]	15.39
14	Ronnenberg	[52.32，9.65]	17.59	16	Sehnde	[52.32，9.97]	17.44
15	Seelze	[52.39，9.59]	20.31	18	Uetze	[52.46，10.20]	18.54
19	Wedemark	[52.53，9.72]	26.79				
最终调整（最近有效港口）		[52.42，9.72]		最终调整（最近有效港口）		[52.38，9.88]	

配送区域 3			
序号	城镇	坐标	权重
1	Barsinghausen	[52.30，9.47]	24.03
5	Gehrden	[52.31，9.60]	11.01
12	Neustadt	[52.50，9.45]	38.84

续表

配送区域 3			
序号	城镇	坐标	权重
17	Springe	[52.21，9.55]	23.68
20	Wennigsen	[52.28，9.57]	10.67
21	Wunsttorf	[52.42，9.44]	30.69
最终调整（最近有效港口）		[52.40，9.45]	

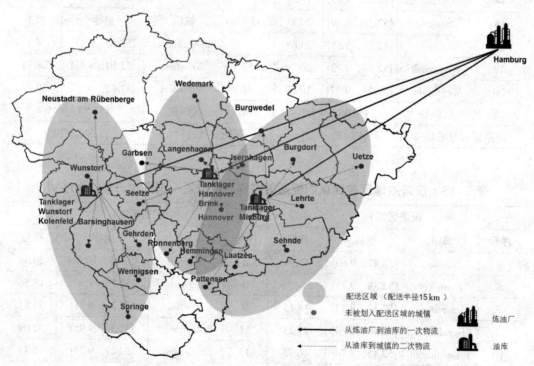

图 5-13 汉诺威地区最优配送区域划分结果和最优油库位置

通过第二、三次和第四次的调整，油库的位置最终得到了优化，其中一次物流和二次物流的配送距离都按照各城镇机动车耗油量（权重）最大限度地进行了整体优化。至此，整个配送区域，从炼油厂到油库，再从油库到城镇，无论是配送距离还是配送质量，都找到了整体的最优点。通过以上程序的计算，优化前后配送区域的划分和油库位置的调整都将通过量化的形式进行对比和评估。

5.3 按照不同标准对优化结果的比较和评估

本节将分别按照运输距离、运输成本、排放、耗能和其他费用（由交通事故、噪声和有害气体所引起的）等标准，对以上仿真结果的一次物流和二次物流进行测评。鲁尔区（有炼油厂的研究区域）和汉诺威地区（无炼油厂的研究区域）的现状和被优化结果将作为比较和研究的两种基本状态进行分析。

5.3.1 运输距离的分析与比较

运输距离是所有比较标准中最重要的判定标准之一，因为通常运输距离是产生仓储费用和运输成本的主要判定依据。一个有效的运输策略可以省去很多不必要的运输距离和仓储时间。图5-14为鲁尔区石化产品的实际配送距离和鲁尔区优化后的配送距离的比较。为了确定不同运输工具的实际优化程度，其一次物流分别由汽车、火车和油船进行配送，二次物流只通过汽车进行配送。参照附录B.14、附录B.15、附录B.18。

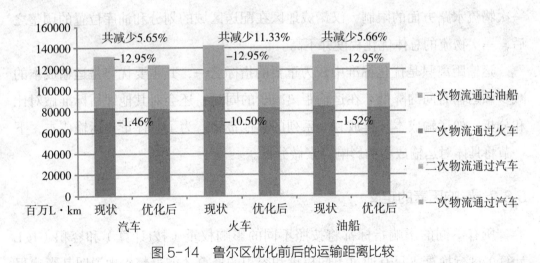

图5-14 鲁尔区优化前后的运输距离比较

如图5-14所示，鲁尔区二次物流通过汽车的运输距离在优化后从各个油库到各个配送区域的运输距离共减少12.95%。此外，尽管水路运输有先天的成本优势，但是由于河道不可以调整，导致通过油船二次物流的运输距离只减少了1.52%。

图5-15为汉诺威地区优化前后的运输距离比较，参照附录B.16、附录

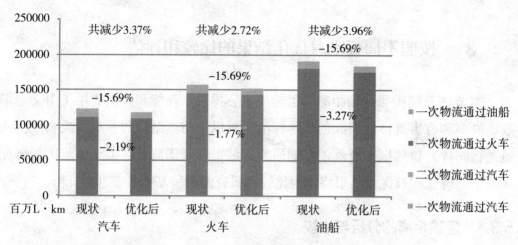

图 5-15 汉诺威地区优化前后的运输距离比较

B.17、附录B.18。

汉诺威地区的面积小于鲁尔区，城镇的规模也小于鲁尔区。因此，汉诺威地区对石化产品的平均需求量也大幅小于鲁尔区对石化产品的需求量。如图5-15所示，通过汽车进行配送的二次物流，通过油库位置的优化，运输距离总共减少15.96%。此外，一次物流通过水路共减少3.27%。由于汉诺威地区在一次物流水路方面的限制，汉诺威地区在配送区域的划分和油库位置的调整之后，一次物流的总体优化程度并不高。

运输距离只是优化标准中较为重要的指标之一，其主要优势是运输成本的减少和运输时间的降低。在运输距离减少的同时，还会对其他评估标准做对比和分析，如运输成本、排放和一系列的其他费用。为了具体量化运输成本，下一节将具体对运输成本的影响因素做分析。

5.3.2　影响因素的定义

所有不同的影响指标都将按照不同的影响权重（按t计算）和容积（按L计算）进行换算。只有通过不同权重和容积的换算才能最精确地说明其影响程度。首先由于汽油和柴油的运量是随机的，所以先对汽油和柴油的密度进行换算，将使用不同排号汽油和柴油的平均密度进行计算：

$$\rho = \frac{m}{V} \qquad (5-4)$$

式中：ρ——密度；

　　m——质量；

　　V——容积。

不同排号汽油的平均密度为0.76 g/cm³。

不同排号柴油的平均密度为0.85 g/cm³。

不同的影响指标（成本、二氧化碳排放和耗能）将按照表5-16中的平均值进行计算。

表 5-16　不同影响因素的平均值（运输范围在200km以内）

指标	汽车	火车	油船
运输成本/欧分/（t·km）	14.3	16.4	2.73
二氧化碳排放/g/（t·km）	164	48.1	33.4
治理二氧化碳的排放成本/欧分/（t·km）	0.47	0.18	0.12
治理交通事故的成本/欧分/（t·km）	0.43	0.06	0.03
治理交通噪声的成本/欧分/（t·km）	0.79	0.84	0.00
治理污染排放的成本/欧分/（t·km）	0.32	0.05	0.12
耗能/J/（t·km）	0.92	0.43	0.23

5.3.3　运输成本

各种运输工具的运输成本是所有测评标准中最重要的指标。图5-16为鲁尔区不同运输工具的运输成本比较结果，以及对现状和油库位置优化后的结果进行比较，参照附录B.19。

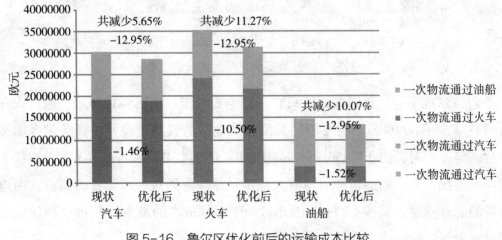

图 5-16　鲁尔区优化前后的运输成本比较

如图5-16所示，油船的运输成本相比其他两种运输成本有绝对优势。但值得注意的是，在配送区域划分后和油库位置调整后，火车的一次物流运输成本减少约10.50%；与此相对，汽车和油船的一次物流运输成本只减少1.5%。其主要原因是：鲁尔区的高速公路建设相当发达，仅仅通过油库位置的调整，很难使运输的距离大幅度减少，因为很多不必要的运输距离可以通过发达的高速公路网进行弥补。此外，水路的河道建设又是非常受限的。因为鲁尔区境内的油库选址很多就是在河道附近，运输距离和运输成本很难通过对油库的调整进行改变，通过铁路的运输也主要依赖铁道的建设。然而对于铁路运输来说，在鲁尔区境内可以减少很多不必要的运输路程，因为通过配送区域的划分和油库位置的调整会尽可能地把油库调整到石化产品需求量大的城镇（权重较大）附近，而此类城镇又有铁路交通的节点，如Oberhausen和 Gelsenkirchen。因此，通过铁路运输在成本方面可以有较大的减少。这也是铁路运输成本在一次物流通过优化后减少最大的原因。

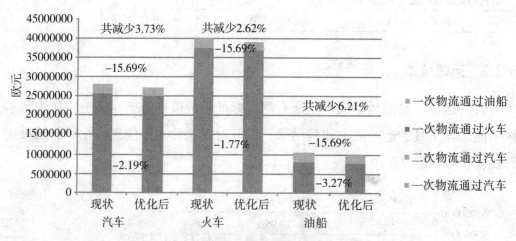

图 5-17　汉诺威地区优化前后的运输成本比较

与鲁尔区不同，汉诺威地区只有一条主要河流。如图5-17所示，通过火车运输只减少了1.77%，其主要原因是汉诺威地区的铁路建设并不像鲁尔区那么发达。与此相对，由于Mittellandkanal和Elbe（通过Elbe-Seitenkanal进行连接）的河道连接，其油船的运输成本有大幅度地减少。通过油库位置的调整，河道运输的总成本总共减少3.27%。因此，由于运输成本的减少，其排放和耗能也相对减少，参照附录B.20。

5.3.4 排放

排放标准一直是一个非常严格的评估指标。排放标准有时甚至可以主导对运输工具乃至运输结构的选择和改变。此外，二氧化碳的排放还是一个对可持续发展非常重要的判定标准。图5-18为鲁尔区石化产品运输排放二氧化碳的比较。参照附录B.21。

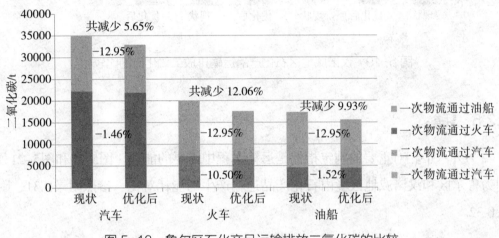

图 5-18 鲁尔区石化产品运输排放二氧化碳的比较

从图5-18中可以发现，通过火车和油船进行运输排放的二氧化碳总共没有超过20000t，其中大部分是由汽车运输的二次物流排出。而一般大宗货物通过火车和油船进行运输排放的二氧化碳含量都相对较低。特别是通过油船进行运输排放的二氧化碳只有通过汽车运输排放的二氧化碳的五分之一，也只有通过火车排放运输的二氧化碳的三分之二。最后，通过比较可以发现，通过油船进行运输排放的二氧化碳总共比优化前减少了1.52%。

由于相对薄弱的铁道建设，汉诺威地区通过铁路进行运输的排放量在优化后也仅仅降低了1.77%。然而，通过铁路运输的整体排放（包括汽车运输二次物流的排放），在优化油库的位置后，总共可以减少4.56%。同鲁尔区一致，汉诺威地区最优的运输工具也是水路运输。在配送区域划分和油库位置调整后，通过油船进行运输，其二氧化碳总排放量共减少6.07%，具体如图5-19所示。

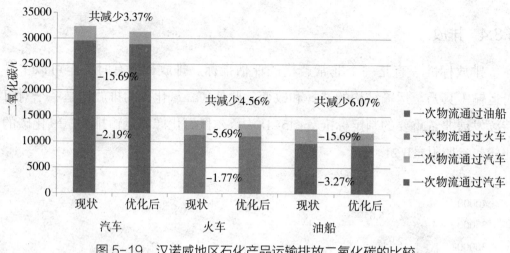

图 5-19　汉诺威地区石化产品运输排放二氧化碳的比较

5.3.5　耗能

另外一个相对重要的判定指标是运输过程中需要的能耗。图5-20和图5-21分别为鲁尔区和汉诺威地区境内石化产品运输产生的能耗对比。参照附录B.31、附录B.32。

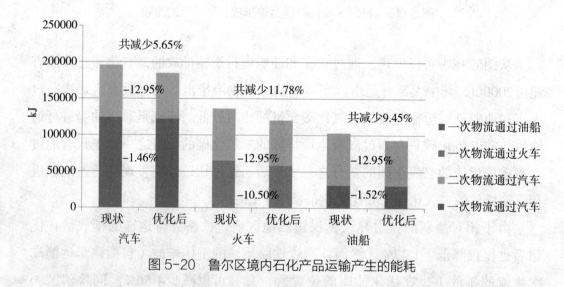

图 5-20　鲁尔区境内石化产品运输产生的能耗

和二氧化碳的排放量一致，水路运输的耗能也是最低。如图5-20所示，鲁尔区境内通过油船进行运输的耗能要比铁路运输的耗能降低一半，同时比汽车运输的耗能降低超过四分之三。另外，油船的运量也大大超过汽车和火车的运量。

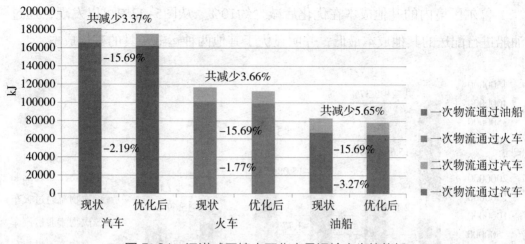

图 5-21 汉诺威区境内石化产品运输产生的能耗

如图5-21所示，只通过汽车完成的一次物流总成本在油库位置优化后减少耗能2.19%。然而通过对比也可以很明显地发现，汽车的总耗能远远大于油船的总耗能。在此项指标下，鲁尔区和汉诺威地区最合适的运输手段是通过油船对石化产品进行运输。

5.3.6 其他成本

其他成本主要由治理二氧化碳、其他污染物（主要包括NO_x、NMHC、细小粉尘、CO、SO_2）、交通噪声和交通事故的成本所组成。其具体计算过程参照附录B.23~附录B.33。图5-22和图5-23分别为鲁尔区和汉诺威地区优化前后的其他成本对比。

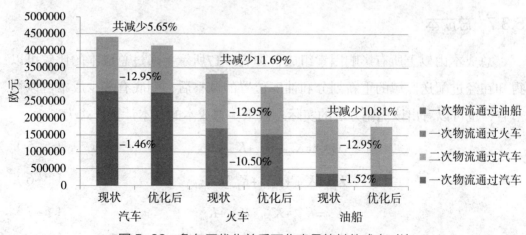

图 5-22 鲁尔区优化前后石化产品的其他成本对比

鲁尔区境内的其他成本在优化后减少约10%。从图5-22中可以发现，通过油船进行配送的其他成本最低，并明显优于其他两种运输工具的其他成本。

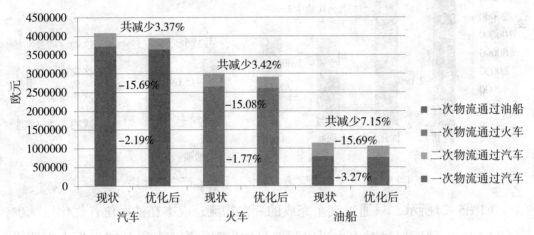

图5-23　汉诺威地区优化前后石化产品的其他成本对比

与鲁尔区其他成本相反，汉诺威地区的其他成本由于河道的运输距离相对较远，在油库位置优化后，其他成本的减少并不是特别大。此外，由于该地区相对不发达的铁路基础建设，通过铁路进行一次物流运输的其他成本在优化后也仅仅减少1.77%。相对公路和铁路来说，在配送区域划分和油库位置调整后，该地区一次物流用油船进行配送的其他成本为最优，共减少3.27%。此外，二次物流统一由汽车进行配送，在优化后共节省15.69%。最后，按照排放量和成本的比较，考虑到环保和节能减排因素，综合考虑，最优的运输工具为油船。

5.3.7　总成本

总成本由以上所有影响因素组成，如表5-17所示。通过总成本的比较可以得知在经过配送区域的重新划分和油库位置的调整后，到底有多少成本可以被节省，也可以看出该优化方法的实际总效果。总成本的基本计算公式为：

$$GK^*=K_{ptk}+K_{stk}+K_{pfk}+K_{sfk} \tag{5-5}$$

$$K_{pfk}=K_{plfk}+K_{pcfk}+K_{pvfk}+K_{pufk} \tag{5-6}$$

$$K_{sfk}=K_{slfk}+K_{scfk}+K_{svfk}+K_{sufk} \tag{5-7}$$

注：该总成本公式不包括转运成本费用以及装载和卸载费用等。

表 5-17　运输总成本汇总

GK	总成本	K_{pvfk}	一次物流中治理交通噪声的成本
K_{ptk}	一次物流运输成本	K_{pufk}	一次物流中治理交通事故的成本
K_{stk}	二次物流运输成本	K_{slfk}	二次物流中治理污染物的成本
K_{pfk}	一次物流其他成本	K_{scfk}	二次物流中治理污染物的成本
K_{sfk}	二次物流其他成本	K_{svfk}	二次物流中治理交通噪声的成本
K_{plfk}	一次物流中治理污染物的成本	K_{stfk}	二次物流中治理交通事故的成本
K_{pcfk}	一次物流中治理二氧化碳排放的成本		

图5-24为鲁尔区石化产品运输优化前后（配送区域划分和油库位置调整）总成本比较。该总成本由一次物流、二次物流运输成本和其他成本组成。通过比较可以发现，通过油船进行运输的成本最低。一次物流的油船运输成本只有火车运输成本的五分之一。此外，一次物流水运的其他成本在优化后相对火车和汽车运输也有大幅度降低。经过比较，水运的总成本在优化后比之前减少10.16%。

由于相对较大的运量和相对较低的运输成本，汉诺威地区的运输总成本和鲁尔区接近（如图5-25所示）。另外，鲁尔区的成品油来源主要来自本区域的Gelsenkirchen炼油厂，而汉诺威地区内没有炼油厂，汉诺威地区的成品油主要

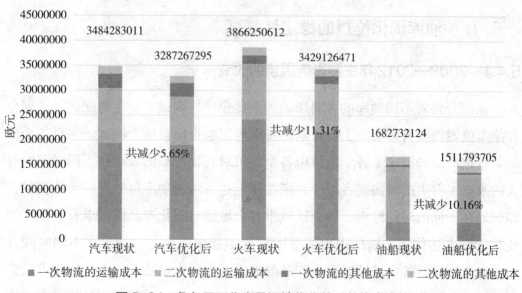

图 5-24　鲁尔区石化产品运输优化前后总成本比较

靠Hamburg炼油厂来供给（距离最近）。而其他炼油厂到汉诺威地区的距离相对较远，运输成本也就相对较大。由于成本方面的问题，水运成为该区域内从炼油厂到油库运输的不二选择。

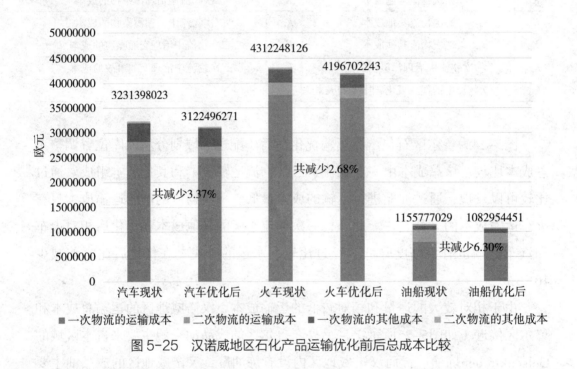

图5-25　汉诺威地区石化产品运输优化前后总成本比较

5.4　油库优化位置的稳定性测试

5.4.1　2008—2012年主要影响因素的改变

该部分将对不同油库的主要影响因素做稳定性测试，所有对配送区域划分和油库位置调整有影响的主要因素都将作为影响指标被逐个测试。一旦各个区域对石化产品的需求（各个区域中各个城市对石化产品的需求在不同时间段有大的改变）有大的增加或者减少，则按照上述方法对油库位置有较大的调整，即如果在不同的时间段内，各个区域中各个城镇对石化产品的需求有大幅度的变化，则上述优化方法所得出的油库位置不稳定；反之，如果在不同时间段内，各个区域的各个城镇对石化产品的需求无大幅度增减，则上述优化方法算出的油库位置为稳定。此外，如果各个区域中各个城镇对石化产品的需求成比例地增加或者减少，则其计算结果也为稳定，因为油库位置不会有大幅度的偏移，则可认定为通过上述优化方法得出的油库位置可以长期使用且对整个区域的配送非常稳定。

图5-26~图5-28为德国不同种类机动车在5年内（2008—2012年）的保有量对比图，通过对比可以发现各个城镇对石化产品的需求是否稳定。

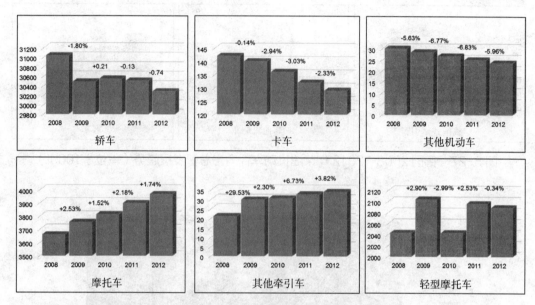

图5-26　德国2008—2012年汽油机动车保有量总量发展趋势（单位：1000t）

通过对比可以发现，汽油和柴油在2008—2012年的消耗量相对稳定。在汽油机动车耗油中，轿车的耗油量相对较大。在柴油机动车耗油中，最大的耗油量车辆种类是轿车和卡车。通过图5-26可以发现，除了汽油机动车轿车的数量增加或减少不是特别有规律外（在2010年增长了0.21%），其他各种车辆基本按照一定比例进行递减。此外，可以在图5-27中发现，由于柴油机动车的技术进步和柴油的品质技术更新，汽油机动车数量不断减少，柴油机动车数量不断增加。因此，石化产品的整体消耗结构在这5年中相对稳定。

5.4.2　优化后油库位置的稳定性

为了对配送区域划分的稳定性和油库位置调整的稳定性做进一步证明，不止需要对所有车辆的保有量做对比，更需要对5年内所有配送区域范围及油库位

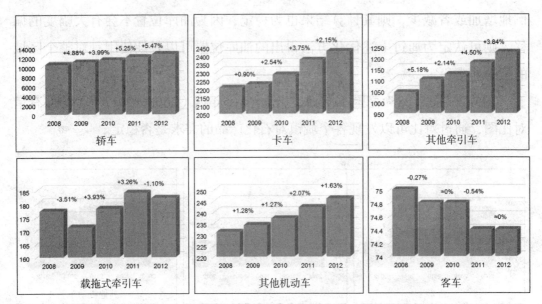

图 5-27　德国 2008—2012 年柴油机动车保有量总量发展趋势（单位：1000t）

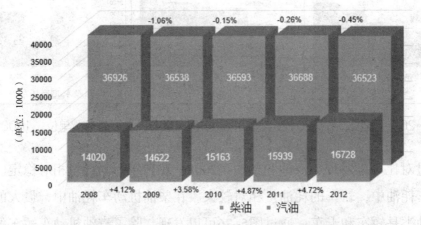

图 5-28　德国 2008—2012 年机动车保有量总量发展趋势

置做比较。此稳定性证明因素将按照不同城镇的划分权重（按照不同城镇不同时间段内对石化产品的实际需求和消耗量）进行计算和分析。一旦不同城镇的需求有大幅度的变化，则其需求权重发生改变，此时，油库的位置将根据权重的改变而发生变化，则可以认为此处稳定性不强。相反，如果需求权重没有发生改变，则可以认为已优化油库位置稳定性较强。通过稳定性分析，可以判定优化后的油库位置是否适合未来石化产品的配送需求。

　　按照以上对配送区域划分和油库位置调整的方法可以算出2008年所有配送

区域的范围和各个配送区域的油库位置。附录B.6~附录B.10为2008年所有配送区域划分和油库位置调整的具体过程步骤。按照所得出的数据，可以再次通过程序Ⅴ和程序Ⅳ得出以下油库位置的具体结果，见表5-18。

表5-18　鲁尔区和汉诺威地区2008—2012年油库位置优化后比较

鲁尔区

调整结果

配送区域	第一次调整	偏移距离	第二、三次调整	偏移距离	第四次调整	偏移距离
2012配送区域1	[51.52，7.10]	0km	[51.53，7.07]	0 km	[51.53，7.07]	0km
2008配送区域1	[51.52，7.10]		[51.53，7.07]		[51.53，7.07]	
2012配送区域2	[51.52，7.47]	0km	[51.52，7.47]	0 km	[51.53，7.44]	0km
2008配送区域2	[51.52，7.47]		[51.52，7.47]		[51.53，7.44]	
2012配送区域3	[51.58，6.62]	1.56 km	[51.61，6.64]	1.96 km	[51.63，6.61]	0km
2008配送区域3	[51.58，6.63]		[51.58，6.62]		[51.63，6.61]	
2012配送区域4	[51.62，7.67]	0km	[51.61，7.68]	1.25 km	[51.64，7.64]	0km
2008配送区域4	[51.62，7.67]		[51.62，7.67]		[51.64，7.64]	
2012配送区域5	[51.63，7.32]	0km	[51.64，7.24]	1.84 km	[51.66，7.36]	0km
2008配送区域5	[51.63，7.32]		[51.63，7.26]		[51.66，7.36]	
2012配送区域6	[51.43，6.77]	0km	[51.43，6.77]	0 km	[51.45，6.75]	0km
2008配送区域6	[51.43，6.77]		[51.43，6.77]		[51.45，6.75]	
2012配送区域7	[51.67，6.97]	0km	[51.67，6.97]	0 km	[51.67，6.97]	0km
2008配送区域7	[51.67，6.97]		[51.67，6.97]		[51.67，6.97]	

汉诺威地区

调整结果

配送区域	第一次调整	偏移距离	第二、三次调整	偏移距离	第四次调整	偏移距离
2012配送区域1	[52.38，9.73]	0km	[52.38，9.73]	0km	[52.42，9.72]	0km
2008配送区域1	[52.38，9.73]		[52.38，9.73]		[52.42，9.72]	
2012配送区域2	[52.42，9.98]	0km	[52.37，9.98]	0.52km	[52.38，9.88]	0km
2008配送区域2	[52.42，9.98]		[52.41，10.00]		[52.38，9.88]	
2012配送区域3	[52.50，9.45]	0km	[52.50，9.45]	0km	[52.40，9.45]	0km
2008配送区域3	[52.50，9.45]		[52.50，9.45]		[52.40，9.45]	

如表5-17所示，2008—2012年鲁尔区和汉诺威地区所有配送区域油库位置的偏移并不明显。按照地理方向的改变小于0.03，其实际改变距离都在2km以内。此类偏差在现阶段交通运输条件下，几乎可以忽略。这也意味着，这些区域内所有城镇石化产品的消耗量是按比例增加或减少的，因此该区域的石化消耗量变化非常稳定。

5.5　本章小结及管道运输规划

管道运输是石化产品运输中一种非常重要的运输方式，它有着非常稳定的运输性能。但现阶段在德国境内针对汽油和柴油管道运输的应用并不是特别广泛，其原因主要有以下几点。

①汽油和柴油用管道运输的安全性不高。

②所有油库的生命周期不同。

③管道的建造成本非常高。

④管道运输的可变灵活性差。

⑤管道运输一般只适合远途运输。

但是，考虑到管道运输在现实运输中的实际优点，管道运输仍是一种高效、低成本、稳定性极强的运输方式。值得一提的是，上述配送区域划分和油库位置调整的方法可以作为管道铺设的线路计划，因为所有配送区域的划分和油库的优化位置都是按照最短的球面积配送距离（通过纬度和经度）计算得出。因此，城镇间的配送距离都是最短的，如果在现实中真的需要使用管道对汽油和柴油进行运输，以上程序计算结果对管道运输的设计有很高的参考价值。图5-29为按照以上程序计算得到的建议管道布局线路图。

通过计算结果可以发现，在鲁尔区和汉诺威地区境内油船运输在一次物流中是最经济的运输方法。油船运输的运输成本只有公路运输和铁路运输成本的一半。此外，在鲁尔区和汉诺威地区，油船运输所产生的二氧化碳排放和能耗量，通过优化前后对比，有着相当大幅度的减少。不仅如此，油船运输的附加成本（治理二氧化碳排放、治理交通事故、治理交通噪声污染和治理其他污染物排放）在优化后也有非常明显地减少。如今，环境保护已经成为世界范围内

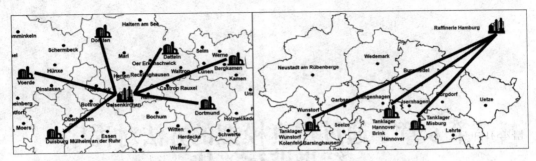

图 5-29　鲁尔区和汉诺威地区的建议管道布局线路图

一个非常重要的影响因素，也是选择不同运输工具的一个重要指标。

　　按照以上计算方法得出的配送区域和油库位置不仅可以按照传统的方法进行对比，还可以利用仿真模拟的方法进行比较和评估。通过仿真模拟可以得到一系列动态的计算结果，可以发现在配送过程中遇到的动态数据，因此，第6章将利用仿真模拟的方法对以上计算方案进行一系列动态的展望。

第 6 章　通过仿真模拟的方法对程序结果进行评估

以上经计算的程序结果（配送区域的划分和油库位置的调整）都将通过仿真模拟的方法在本章进行评估和比较，所有仿真模拟中的数据都根据现实中真实道路的情况进行设定。

6.1　仿真模拟的前提和准备工作

本章将通过仿真模拟软件DOSIMIS-3作为主要仿真模拟工具，对以上计算结果进行具体化仿真模拟与建模，所有运输过程及储存过程都将通过该仿真模拟软件进行计算和检测。DOSIMIS-3拥有超过30年的仿真模拟经验，可以仿真模拟运输过程中所有的运输及仓储步骤，按照对象指向型的仿真模拟方法，可以逐步对各个过程进行分析和优化。关于仿真模拟，首先，需要把各个场景（包括现状和优化后）进行建模；其次，按照规定的时间段进行模拟运行并生成数据；再次，针对运输过程中的每一个重要环节，例如，运输道路的相对占用、油库储存和不同交通运输情况进行比较和分析；最后，确定优化方案。仿真模拟需要具备以下两个前提条件。①关于实际运输的可能性和运输结构，鲁尔区和汉诺威地区的一次物流只通过油船进行运输，其主要原因是油船一次物流的运输成本相对公路和铁路最低。鲁尔区在现实中拥有非常成熟的水路运输设施和条件，其水路运输可以直接到达所有主要城镇，水路运输网特别宽广。汉诺威地区也拥有一条主要的水路运输动脉——中部运河，这也为一次物流的水路运输创造了可能性。②关于石化运输的二次物流（从油库到各个城镇），只通过公路进行运输。其运输原则为：运输距离最短，而通过公路的运输距离为最短。

6.2　数据收集

由于不同运输工具的装载能力和运输能力不同，所有运输工具在仿真模拟输入前，需要进行统一化处理，具体数据转化见表6-1。

表 6-1　仿真模拟中各种运输工具的运输能力和运输速度

运输工具	装载重量	运输速度		解释
油船	3000 t	顺流	19.01 km/h（5.28 m/s）	1艘油船≈125辆油罐车
		逆流	13.00 km/h（3.61 m/s）	
		运河	11/02 km/h（3.06 m/s）	
油罐车	30000 L	公路	50 km/h（13.89 m/s）	1辆油罐车≈30000L
		省道	70 km/h（19.44 m/s）	
		高速路	80 km/h（22.22 m/s）	

*油船的运输容积：3000t=3726708.07L（通过汽油和柴油的平均密度0.805L/cm³计算得出）。

此外，其他仿真数据，如运输距离等数据可以具体参考附录B.35~附录B.45。表6-2为油库的储存能力和装载与卸载速度等。

表 6-2　各个油库的付油区数量、储存能力和付油速度

优化前/优化后	付油区/个	油库储存能力/L	付油速度（20%偏差）
Duisburg/Duisburg	26	106600000+35000000+226000000（12，253）*	1000~1200s/30000L（1800L/min）
Dortmund/Dortmund	9	70200000（2340）*	667~800s/30000L（2700L/min）
Lünen/Datteln	5	150000000（5000）*	1000~1200s/30000L（1800L/min）
Essen/Dorsten	4	107000000（3567）*	1000~1200s/30000L（1800L/min）
Hünxe/Voerde	10	878000000（29267）*	1000~1200s/30000L（1800L/min）
Hamm/Bergkamen	13	13500000+109000000（4083）*	973~1168s/30000L（1850L/min）
Gelsenkirchen/Gelsenkirchen	14	244000000（8133）*	1000~1200s/30000L（1800L/min）

优化前/优化后	付油区/个	油库储存能力/L	付油速度（20%偏差）
Hannover Süd/HannoverBrink	9	66000000（2200）*	1000~1200s/30000L（1800L/min）
Hannover Nord/Misburg	7	26100000（870）*	973~1168s/30000L（1850L/min）
Seelze/Wunstorf	6	25000000（833）*	1000~1200s/30000L（1800L/min）

*每辆油罐车（30000L）。

此外，本仿真模拟模型除了对一次物流油船的去程进行模拟，还对卸载成品油后油船的回程进行模拟，这就意味着，通过计算可以对有限的油船资源进行最大程度的有效利用，即在规定的区域内，投入多少艘油船为最优等一系列问题可以通过该模型进行计算。

图6-1为通过DOSIMIS-3进行建模的鲁尔区和汉诺威地区的成品油一次物流、二次物流的基本模型（优化前和优化后）。

6.3　石化产品供应链一次物流和二次物流在仿真模拟中的评估与分析

本章着重对石化产品的供应链，按照每个月的平均时间段，通过仿真模拟的方法对其运输量在优化前后进行计算、分析和比较。在仿真模型中，鲁尔区和汉诺威地区石化产品的一次物流（从炼油厂到油库）全部通过水路运输的方式进行运输；鲁尔区和汉诺威地区石化产品的二次物流（从油库到加油站）全部通过公路运输的方式进行运输。相关仿真数据可以参考附录B.37、附录B.39、附录B.42和附录B.44。关于仿真的实际目标意义，是在配送区域划分和油库位置调整的过程中，对其优化的成果做评估和对比，把所有优化的过程成果通过图形量化的形式进行说明。

6.3.1　一次物流的装载时间

根据附录B.38、附录B.40、附录B.43和附录B.45中的具体数据，通过模型

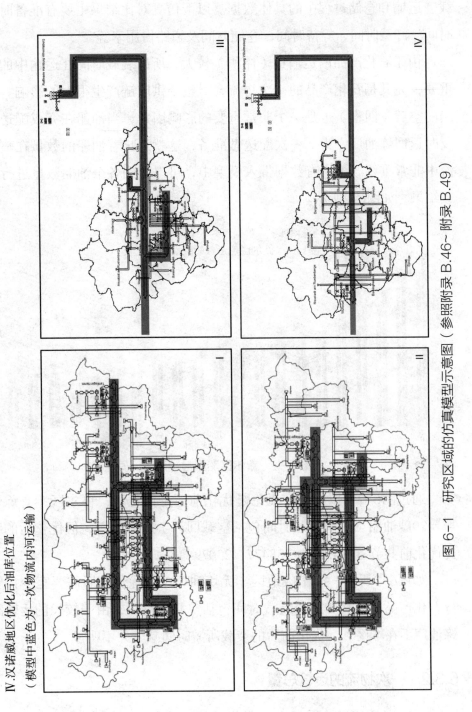

I.鲁尔区现实油库位置
II.鲁尔区优化后油库位置
III.汉诺威地区现实油库位置
IV.汉诺威地区优化后油库位置
（模型中蓝色为一次物流内河运输）

图6-1 研究区域的仿真模型示意图（参照附录B.46~附录B.49）

的计算，可以得到鲁尔区（带炼油厂）和汉诺威地区（不带炼油厂）在各个装载、运输和仓储过程中的具体数据。以下仿真对比结果主要有准备时间、装载时间、卸载时间、等待时间、仓储时间及道路占用率等。

由于石化产品的运输量（体积）较大，所以装载时间在运输中的位置非常重要，尤其是石化产品的一次物流会对整个供应链产生很大的影响。此外，油船的空载（回程）也是一个非常重要的影响因素，当油船在完成配送后，需要及时返回炼油厂，为下一次配送做准备，这就意味着油船的数量在整个一次物流中非常重要。把所有数据带入模型中，可以得到各个油船数量进行配送的装载结果，如图6-2所示。

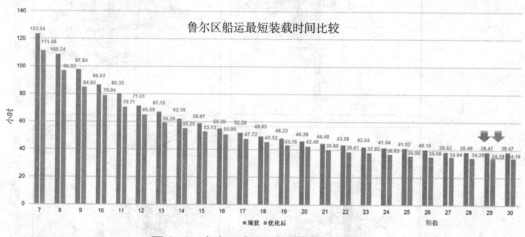

图6-2 鲁尔区船运最短装载时间比较

通过图6-2可以发现，无论是优化前还是优化后，鲁尔区（有炼油厂）都需要29艘油船（最短装载时间包括空载回程）进行配送，但优化后的装载时间比优化前共节省约4.28h（138477~123079s）。

如图6-3所示，汉诺威地区（无炼油厂）在优化前后需要至少19艘油船进行石化产品的装载（最短装载时间包括空载回程），由于较长的运输距离（且炼油厂不在本区），优化前后的装载所需时间减少并不明显。

6.3.2 一次物流的运输总量

石化产品的运输属于大宗货物运输。一般来说，水运和铁路运输是其主要运输方式，借助其主要运输方式，可以在较短的运输时间内有效运输大量货

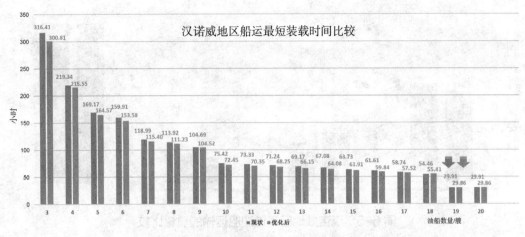

图6-3 汉诺威地区船运最短装载时间比较

物。为了尽可能减少油库的压力，在配送过程中，运输量的把握非常重要。图6-4为鲁尔区和汉诺威地区经过优化后一次物流的货物总量比较。

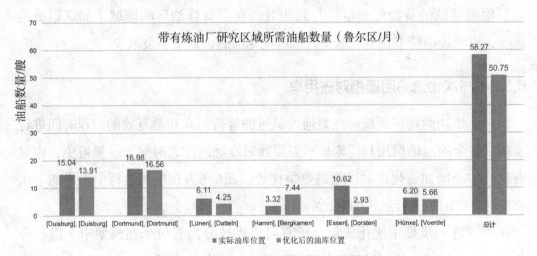

图6-4 鲁尔区通过油船运输的总量比较

标准油船载货量：3000t（3726708.07L）（汽油和柴油平均密度为0.805L/cm^3）

标准油船载货量：3000t（3726708.07L）（汽油和柴油平均密度为0.805L/cm^3）

通过图6-4和图6-5比较可以发现，通过油船对石化产品一次物流进行配

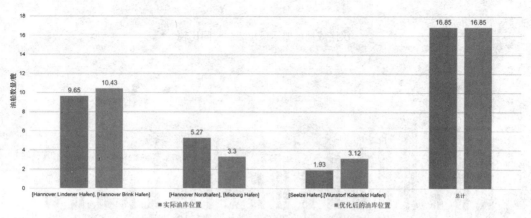

图 6-5　汉诺威地区通过油船运输的总量比较

送，在合理配送区域划分后和油库位置调整后，鲁尔区的货物运输量都有明显减少。鲁尔区货物运输量减少的最主要原因是优化后的配送区域是根据炼油厂进行划分的，所有炼油厂附近的城镇将直接由炼油厂自带的油库进行配送，即在炼油厂这个配送区域，一次物流和二次物流将合为一体，这样可以减少炼油厂附近城镇的货物配送量。与此相对，在没有炼油厂的区域（如汉诺威地区），由于炼油厂不在本区域中，所以优化前后，运量不会减少。

6.3.3　一次物流的河道相对占用率

一个成功的物流系统必然要通过最短的等待时间和最有效的回程时间进行实现。多余的运输费用和运输成本需要通过准确的配送时间来尽量避免，也只有这样才能增加石化产品运输的竞争优势。图6-6为在模型运行中得出的一次物流在各个河道进行运输的对比结果。

为了进一步显示优化成果，所有河道将被分为五份（在模型中）进行分析。RHK：Rhein-Herne-Kanal；DEK：Dortmund-Ems-Kanal；DHK：Datteln-Hamm-Kanal。

通过图6-6结果对比可以发现，经过优化后，一次物流运输的河道占用率有明显的下降。此外，通过对比图还可以发现，所有的运输时间都在优化后提前结束，即所有油船都提前完成配送（包括空载回程），这也就意味着经过配送区域的重新划分和油库位置的调整，更少的河道占用率和更短的配送时间就可以完成运输总量的任务，其整体效率得到大幅度提高。

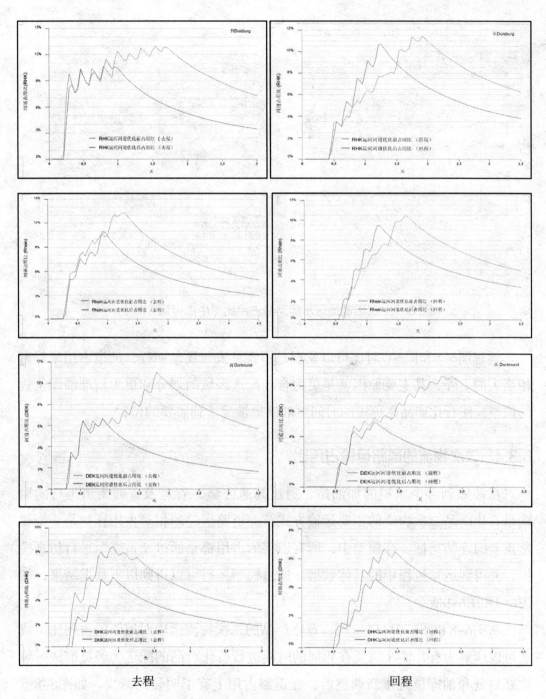

去程   回程

图6-6 鲁尔区河道占用比

同理，如图6-7所示，汉诺威地区在中部运河的配送占用率（去程）较优化前减少大约五分之一，同时对比去程可知，在回程的河道占用率中也下降大约四分之一。

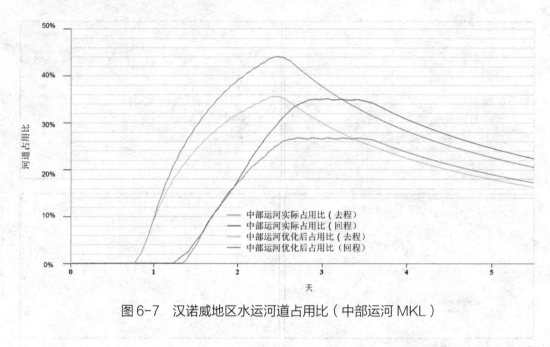

图6-7　汉诺威地区水运河道占用比（中部运河 MKL）

通过图6-6和图6-7对比可以发现，不管是去程还是回程，河道占用率都有相当大的下降，其主要原因就是更为合理配送区域的划分和更为精准油库位置的调整，使石化产品在更短的时间更准确地被配送到需要的位置。

6.3.4　二次物流的道路运输占用比

从油库到各个城镇的加油站，通过高速公路、省道及普通街道进行的运输是石化产品二次物流的主要运输方式。而道路运输的相对占用比则是一个非常重要的评估指标。在模型中，所有道路的占用都是通过"道路"进行仿真模拟，并得到运输过程中的具体数据。通过模型运行可以得到以下数据结果，如图6-8和图6-9所示。

从图6-8和图6-9可以发现，石化产品的二次物流运输对道路的占用比（或者可以理解为有几辆车需要在相同的时间进行石化产品的配送）经过配送区域重新划分和油库位置重新调整后，在道路占用上有了明显的减少。如图6-8所示，在优化前很多时间段内的道路占用比超过30%，而在优化后，道路占用率再没有超过30%。此外，一些更小城镇的道路占用比降低更多。对比鲁尔区的道路运输占用比，图6-10和图6-11为汉诺威地区的道路运输占用比。

与鲁尔区不同的是，汉诺威地区的配送面积相对较小，同时车辆耗油量也

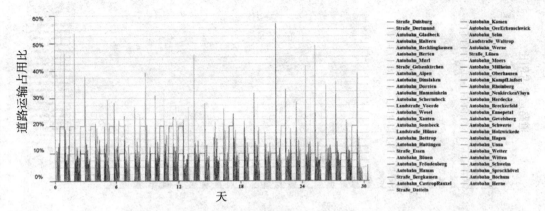

图 6-8　鲁尔区二次物流优化前道路运输占用比

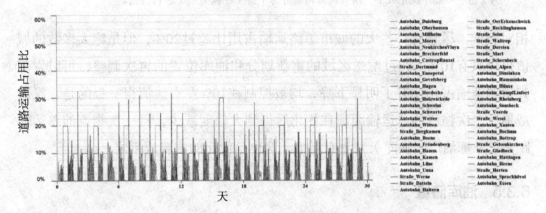

图 6-9　鲁尔区二次物流优化后道路运输占用比

　　*占用比为0%的数据统计时间为夜晚阶段。由于大多数德国加油站并不是通宵工作，所以在夜晚的道路占用率非常少。为了进一步显示优化成果，所有河道将被分为十份（在模型中）进行分析。

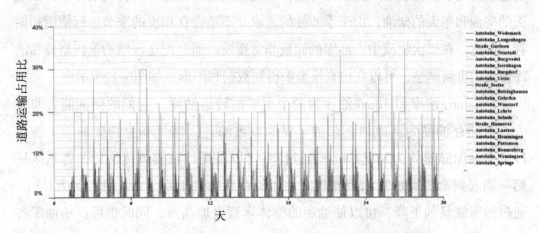

图 6-10　汉诺威地区二次物流优化前运输道路占用比

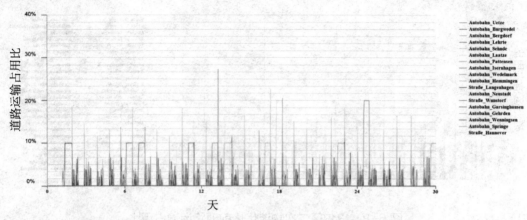

图6-11　汉诺威地区二次物流优化后运输道路占用比

*为了进一步显示优化成果，所有河道将被分为十份（在模型中）进行分析。

相对较低。尽管有一些大的城市道路运输占用比超过20%，但是绝大多数的城镇仅仅只有10%。经过配送区域的重新划分和油库位置的再次调整，可以发现其道路运输占用比有了明显下降，均被控制在10%左右。值得一提的是，汉诺威地区二次物流的总运输距离在优化后得到大幅度减少，且一次物流的总运输距离（从炼油厂到油库）并没有增加，这也是优化的主要成果之一。

6.3.5　油库储量

油库储量是判定油库是否可以正常运行的一个非常重要的指标。长期的高储量会引起一系列费用和成本方面的问题，此外，长时间的高储量还可能使油库的部分功能处于停滞状态，例如，一些特殊的油产品并不适合进行长期存放，如夏天的柴油和冬天的柴油，由于季节性的需求并不适合在相反的季节进行使用和储存。因此，在二次物流中，油库的储量非常重要。通过配送区域的重新划分和油库位置的重新调整，可以在仿真模型中得到数据和图形，如图6-12所示。

Duisburg油库和Hünxe油库为两个重要的转运油库，它们的储油能力非常大，可储存油品为：汽油、柴油、煤油、重油、天然气和生物柴油等（鲁尔区的总油库储量约为20亿L）。通过仿真可以发现，在整体优化后，鲁尔区从第一周起到第四周仿真结束比现有油库储存状态共下降了1%（约200万L）。通过油库储量的下降，可以使油库的整体运营更加高效，同时也可以使油库各个储油罐的使用更加灵活。

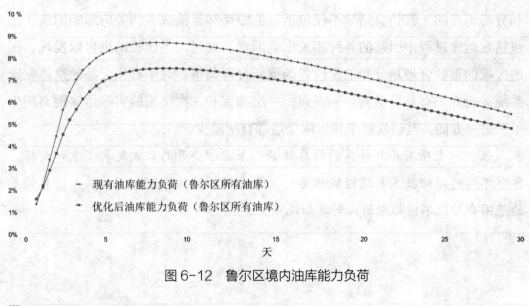

图 6-12　鲁尔区境内油库能力负荷

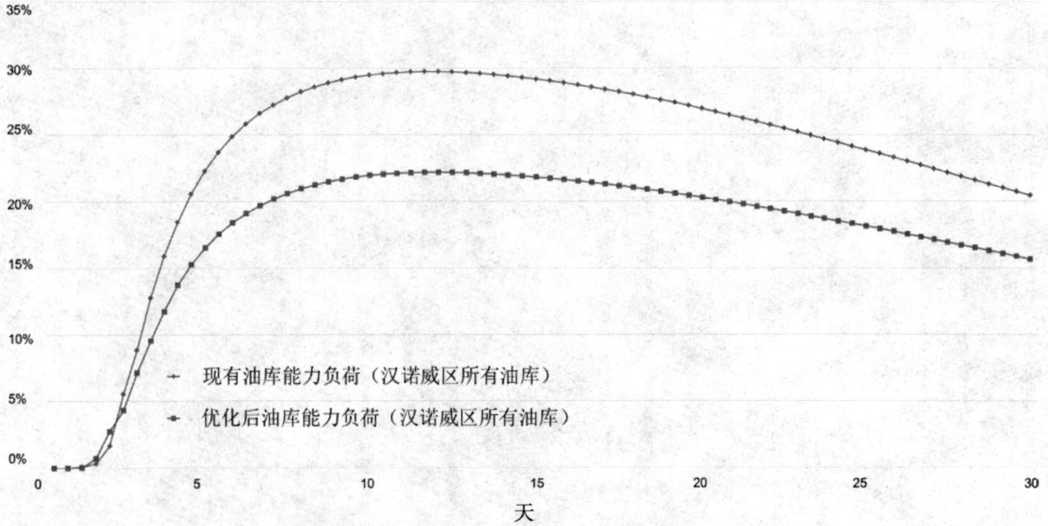

图 6-13　汉诺威地区境内油库能力负荷

同理，如图6-13所示汉诺威地区的整体储油量约为1.17亿L。通过优化，从第一周到第四周其储油量共减少5%~7%。其油库的运营能力在优化后更加高效、灵活。

6.4　本章小结

以上一次物流和二次物流在仿真模拟中的比较结果都是通过反复的模拟

和分析得出的。其仿真结果不仅包括运输距离和运输成本相关的影响因素，还包括在运输过程中引起的各种相关影响因素。通过以上比较结果可以发现，配送区域的重新合理划分和油库位置的重新合理调整，对于石化产品的整体配送系统运行效果有显著提高。一方面，一次物流和二次物流的实际运输距离减少了；另一方面，其运输频率和运输总量都有所减少。

注：以上所有参与计算的仿真数据都来源于公开的正式发表文章和数据。按照不同的运输技术和运输载体类型，仿真模拟的结果可能有所偏差，其偏差的范围会按照不同标准的比例增加或减少。

第7章　研究总结及研究展望

　　本书的主要研究内容基于石化产品不同的运输类型和物流供应链结构进行计算、分析和仿真。通过以石化产品运输中产生的主要问题为出发点，针对一次物流和二次物流中面临的各种问题，对所有主要影响因素进行证明和分析。通过量化的形式对各个主要影响因素进行了针对优化影响程度的可行性分析。通过基本影响因素的理论数据把整个优化过程进行了逐步分析和证明。一方面通过球面积直线的方法，利用矩阵的形式，找到所有运输的距离；另一方面，重点分析了两种石化产品运输的主要形式（带有炼油厂和不带有炼油厂的研究区域）。利用这两方面，根据石化产品的运输特点，找到其一次物流和二次物流最合理、最优化的运输方法并进行优化结果数据分析。为了进一步全方位地证明优化的优势，又通过仿真模拟的方法把石化产品在运输过程中得到的数据进行比较和分析。利用对象指向型的仿真模拟方法，通过仿真模拟系统DOSIMIS-3得到一系列运输过程中的比较数据。通过对配送区域和油库位置的整体再优化，使这两个类型研究区域的整体结构更加合理，其运输和仓储效率也大大提高。

7.1　意义和作用

　　（1）石化产品供应链中运输概念的确立。石化产品运输供应链的运输过程主要有三个阶段：一次物流、二次物流和三次物流。对此，石化产品供应链中各个运输阶段的运输职责被明确划分，这也是优化本身的前提条件。

　　（2）石化产品配送中主要影响因素的成功证明。通过多元线性回归法证明了各个主要影响因素对石化产品运输的影响程度。各种不同车辆的类型为影响石化产品的主要影响变量。同时，利用最小二乘法得到各个影响因素的实际影响波动，使影响程度更为准确。

（3）配送区域的重新划分和油库位置的重新调整。按照不同研究区域的类型（带有炼油厂和不带有炼油厂）和不同配送区域的无规则配送界限，同时借助MATLAB矩阵软件对各种可能性的试算，本书利用以上主要影响因素证明出一套新的配送区域的划分方法。借助此优化方法，并输入不同的耗油权重，多次对油库的位置进行精准调整，最终使整体配送距离达到最短。

（4）通过仿真模拟进行运输过程评估。由于传统评估方法很难对运输的过程进行准确评估，本书利用仿真模拟系统DOSIMIS-3进行运输过程数据化分析。通过仿真把所有运输过程中可能产生的问题列出，并对比和分析仿真优化前后的实际效果。

7.2　适用区域

一个有效的优化方法必须是适用于大多数研究场景的。以上优化方法主要适用于运输和仓储的能源产品。其能源产品特点必须是从一个能源产生点（如油井或石油）开始，然后逐步提炼成不同的能源产品，并进行运输和仓储及配送等。按照这类前提条件，可减少运输和仓储中所有不必要的时间、距离和空间等。与此相关的适用能源产品有：天然气、生物能源、风能、水能和其他各类能源等。

7.3　未来研究方向

关于未来的主要优化研究方向将主要针对三次物流进行优化。随着油库位置的确认，三次物流将通过各个城镇中的加油站再次进行优化。通过油库位置的影响程度，将逐个对各个加油站进行细化分析和权重输入。各个加油站的负责范围、加油站的位置及每天的加油量都是影响三次物流的主要因素。此类问题将作为三次物流的主要研究方向，如图7-1所示。

值得期待的是，以上配送区域的划分办法和油库位置的调整方法将会应用于实际场景当中。同时，以上优化方法也将对石化产品的整体供应链系统，特别是在生产运输和仓储计划起到实际的效果。

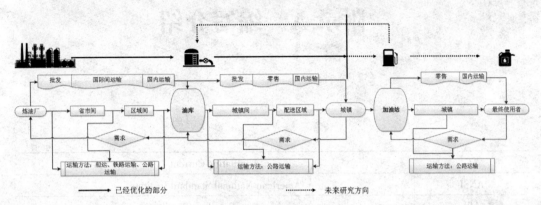

图 7-1 未来研究方向

附录 A 缩写介绍

AC	Alternating Current
ANSI	American National Standard Institute
API	American Petroleum Institute
APS	Advanced Planning Systems
BIP	Bruttoinlandsprodukt
CLM	Council of Logistics Management
CNPC	China National Petroleum Corporation
CRP	Capacity Requirements Planning
DN	Diameter Nominal
ELA	European Logistics Association
ERP	Enterprise Resource Planning
GDP	Gross Domestic Product
ICCE	The International Center of Competitive Excellence
IEA	International Energy Agency
ITF	International Transport Forum
JIS	Japanese Industrial Standards
MAD	Mittlere Absolute Deviation
MPa	Megapascal
MRP	Material Requirements Planning
NFPA	National Fire Protection Association
OPEC	Organisation of the Petrolieum Exporting Countries
Pkm	Personenkilometer
SINOPEC	The China Petroleum and Chemical Corporation
Tkm	Tonnenkilometer
UTV	Unabhängiger Tanklagerverband e.V.
WSV	Wasser– und Schifffahrtsverwaltung des Bundes

附录 B 相关数据

附录 B.1 t值分布表

n/α	0.25	0.10	0.05	0.025	0.01	0.005
1	1.0000	3.0777	6.3138	12.7062	31.8207	63.6574
2	0.8165	1.8856	2.9200	4.3027	6.9646	9.9248
3	0.7649	1.6377	2.3534	3.1824	4.5407	5.8409
4	0.7407	1.5332	2.1318	2.7764	3.7469	4.6041
5	0.7267	1.4759	2.0150	2.5706	3.3649	4.0322
6	0.7176	1.4398	1.9432	2.4469	3.1427	3.7074
7	0.7111	1.4149	1.8946	2.3646	2.9980	3.4995
8	0.7064	1.3968	1.8595	2.3060	2.8965	3.3554
9	0.7027	1.3830	1.8331	2.2622	2.8214	3.2498
10	0.6998	1.3722	1.8125	2.2281	2.7638	3.1693
11	0.6974	1.3634	1.7959	2.2010	2.7181	3.1058
12	0.6955	1.3562	1.7823	2.1788	2.6810	3.0545
13	0.6938	1.3502	1.7709	2.1604	2.6503	3.0123
14	0.6924	1.3450	1.7613	2.1448	2.6245	2.9768
15	0.6912	1.3406	1.7531	2.1315	2.6025	2.9467
16	0.6901	1.3368	1.7459	2.1199	2.5835	2.9208
17	0.6892	1.3334	1.7396	2.1098	2.5669	2.8982
18	0.6884	1.3304	1.7341	2.1009	2.5524	2.8784
19	0.6876	1.3277	1.7291	2.0930	2.5395	2.8609
20	0.6870	1.3253	1.7247	2.0860	2.5280	2.8453
21	0.6864	1.3232	1.7207	2.0796	2.5177	2.8314
22	0.6858	1.3212	1.7171	2.0739	2.5083	2.8188
23	0.6853	1.3195	1.7139	2.0687	2.4999	2.8073
24	0.6848	1.3178	1.7109	2.0639	2.4922	2.7969
25	0.6844	1.3163	1.7081	2.0595	2.4851	2.7874
26	0.6840	1.3150	1.7058	2.0555	2.4786	2.7787
27	0.6837	1.3137	1.7033	2.0518	2.4727	2.7707

续表

n/α	0.25	0.10	0.05	0.025	0.01	0.005
28	0.6834	1.3125	1.7011	2.0484	2.4671	2.7633
29	0.6830	1.3114	1.6991	2.0452	2.4620	2.7564
30	0.6828	1.3104	1.6973	2.0423	2.4573	2.7500
60	0.6790	1.2960	1.6700	2.0000	2.3900	2.6600
120	0.6770	1.2890	1.6580	1.9800	2.3580	2.1670
∞	0.6740	1.2820	1.6450	1.9600	2.3260	2.5760

附录 B.2　F 检测表

$\alpha=0.05$	自由度								
P	1	2	3	4	5	6	7	8	9
2	18.51	19.00	19.16	19.25	19.30	19.33	19.35	19.37	19.38
3	10.13	9.55	9.28	9.12	9.01	8.94	8.89	8.85	8.81
4	7.71	6.94	6.59	6.39	6.26	6.16	6.09	6.04	6.00
5	6.61	5.79	5.41	5.19	5.05	4.95	4.88	4.82	4.77
6	5.99	5.14	4.76	4.53	4.39	4.28	4.21	4.15	4.10
7	5.59	4.74	4.35	4.12	3.97	3.87	3.79	3.73	3.68
8	5.32	4.46	4.07	3.84	3.69	3.58	3.50	3.44	3.39
9	5.12	4.26	3.86	3.63	3.48	3.37	3.29	3.23	3.18
10	4.96	4.10	3.71	3.48	3.33	3.22	3.14	3.07	3.02
11	4.84	3.98	3.59	3.36	3.20	3.09	3.01	2.95	2.90
12	4.75	3.89	3.49	3.26	3.11	3.00	2.91	2.85	2.80
13	4.67	3.81	3.49	3.26	3.11	3.00	2.91	2.85	2.80
14	4.60	3.74	3.34	3.11	2.96	2.85	2.76	2.70	2.65
15	4.54	3.68	3.29	3.06	2.90	2.79	2.71	2.64	2.59
16	4.49	3.63	3.24	3.01	2.85	2.74	2.66	2.59	2.54
17	4.45	3.59	3.20	2.96	2.81	2.70	2.61	2.55	2.49
18	4.41	3.55	3.16	2.93	2.77	2.66	2.58	2.51	2.46
19	4.38	3.52	3.13	2.90	2.74	2.63	2.54	2.48	2.42
20	4.35	3.49	3.10	2.87	2.71	2.60	2.51	2.45	2.39
21	4.32	3.47	3.07	2.84	2.68	2.57	2.49	2.42	2.37
22	4.30	3.44	3.05	2.82	2.66	2.55	2.46	2.40	2.34
23	4.28	3.42	3.03	2.80	2.64	2.53	2.44	2.37	2.32
24	4.26	3.40	3.01	2.78	2.62	2.51	2.42	2.36	2.30
25	4.24	3.39	2.99	2.76	2.60	2.49	2.40	2.34	2.28
26	4.23	3.37	2.98	2.74	2.59	2.47	2.39	2.32	2.27
27	4.21	3.35	2.96	2.73	2.57	2.46	2.37	2.31	2.25

附录 B.3 德国已上牌汽油机机动车油耗

	单位	2002	2003	2004	2005	2006	2007	2008	2009	2010	2011	2012
轻型摩托车[1]												
保有量[2]	1000辆	1584	1665	1786	1819	1930	1984	2043	2104	2043	2096	2089
平均行驶里程[3]	1000km	2.4	2.4	2.4	2.4	2.4	2.3	2.3	2.3	2.3	2.3	2.3
行驶总里程[3]	百万km	3754	3941	4232	4310	4575	4563	4700	4840	4699	4821	4804
平均耗油量/100km[4]	L	2.0	2.0	2.0	2.0	2.0	2.0	2.0	2.0	2.0	2.0	2.0
总油耗[4, 5]	百万L	75	79	85	86	91	89	92	94	92	94	94
摩托车[5]												
保有量[2]	1000辆	3643	3736	3814	3890	3956	3566	3659	3754	3812	3897	3966
平均行驶里程[3]	1000km	3.3	3.4	3.3	3.3	3.3	3.0	3.0	3.0	3.0	3.0	3.0
行驶总里程[3]	百万km	12167	12516	12739	12993	13213	10841	11122	11413	11587	11848	12058
平均耗油量/100km[4]	L	4.8	4.8	4.8	4.7	4.7	4.7	4.7	4.7	4.7	4.7	4.7
总油耗[4, 5]	百万L	584	601	611	611	621	510	521	535	543	555	565
轿车												
保有量[2]	1000辆	37297	36950	36446	36076	35944	31138	31031	30482	30545	30505	30281
平均行驶里程[3]	1000km	11.6	11.3	11.3	10.9	10.5	11.9	11.9	11.7	11.4	11.5	11.1
行驶总里程[3]	百万km	431246	418325	412820	391443	378705	370696	367959	357391	349416	349301	336506
平均耗油量/100km[4]	L	8.5	8.4	8.4	8.3	8.3	8.2	8.1	8.0	7.9	7.9	7.8
总油耗[4, 5]	百万L	36633	35332	34582	32520	31157	29896	29031	28477	27724	27705	26283
客车[7]												
保有量[2]	1000辆	0.3	0.3	0.2	0.2	0.2	0.1	0.1	0.1	0.1	0.1	0.1

续表

	单位	2002	2003	2004	2005	2006	2007	2008	2009	2010	2011	2012
平均行驶里程[3]	1000km	11.0	11.0	11.0	11.0	11.0	16.0	15.5	15.5	15.5	15.5	15.5
行驶总里程[3]	百万km	3.1	3.0	2.4	2.2	2.2	1.9	2.0	1.8	1.5	1.4	1.4
平均耗油量/100km[4]	L	18.0	18.0	18.0	18.0	18.0	18.0	18.0	18.0	18.0	18.0	18.0
总油耗[4,5]	百万L	0.6	0.5	0.4	0.4	0.4	0.3	0.3	0.3	0.3	0.2	0.2
卡车[8]												
保有量[2]	1000辆	264	244	224	205	193	146	142	140	136	132	129
平均行驶里程[3]	1000km	11.9	11.9	11.9	11.9	11.9	15.0	14.0	14.0	14.0	14.0	14.0
行驶总里程[3]	百万km	3144	2898	2666	2440	2291	2197	1991	1955	1904	1850	1803
平均耗油量/100km[4]	L	12.4	12.4	12.4	12.4	12.4	12.5	12.0	11.5	11.5	11.5	11.5
总油耗[4,5]	百万L	390	359	331	302	284	275	229	225	219	213	207
载拖式牵引车[9]												
保有量[2]	1000辆	14.7	15.8	16.2	15.5	15.9	20.8	21.0	29.8	30.5	32.7	34.0
平均行驶里程[3]	1000km	2.1	2.1	2.1	2.1	2.1	2.4	2.0	2.0	2.0	2.0	2.0
行驶总里程[3]	百万km	31	33	34	33	33	50	43	60	61	65	68
平均耗油量/100km[4]	L	18.0	18.0	18.0	18.0	18.0	18.0	17.0	17.0	17.0	17.0	17.0
总油耗[4,5]	百万L	5.5	6.0	6.1	5.9	6.0	9.0	7.0	10.1	10.4	11.1	11.5
其他牵引车[10]												
保有量[2]	1000辆	109.5	102.2	95.0	90.0	37.6	29.9	30.0	28.4	26.6	24.9	23.5
平均行驶里程[3]	1000km	8.5	8.5	8.4	8.4	8.4	10.2	10.0	9.9	9.9	9.9	9.9
行驶总里程[3]	百万km	930	868	798	756	316	305	295	281	263	247	232
平均耗油量/100km[4]	L	17.6	17.6	17.6	17.6	17.6	17.8	17.0	17.0	17.0	17.0	17.0

续表

	单位	2002	2003	2004	2005	2006	2007	2008	2009	2010	2011	2012
总油耗[4,5]	百万L	164	153	140	133	56	54	50	48	45	42	39
机动车总量												
保有量	1000辆	42913	42713	42381	42096	42076	36885	36926	36538	36593	36689	36522
行驶总里程[3]	百万km	451275	438585	433291	411977	399135	388654	386112	375941	367933	368134	355472
总油耗[4,5]	百万L	37852	36531	35756	33659	32216	30833	29930	29390	28633	28621	27200
总油耗[4,5]	1000t	28389	27398	26817	25244	24162	23124	22448	22042	21475	21466	20400

1　无须登记的车辆、保有量保车。
2　不包括非上路车，包括混合动力机动车。
3　德国国内行驶里程（包括国外道路）。
4　化油器燃料。
5　德国国内行驶里程。
6　包括轻型和小型摩托车。
7　包括有轨电车。
8　轻型与重型卡车。
9　包括拖拉机和托车（非农业）。
10　包括无须登记的工程机械用车（无官方产权证证明）。

附录 B.4　德国已上牌柴油机机动车油耗

	单位	2002	2003	2004	2005	2006	2007	2008	2009	2010	2011	2012
轿车												
保有量[1]	1000辆	7308	7966	8812	9593	10483	10046	10290	10818	11267	11891	12579
平均行驶里程[2]	1000km	20.8	20.0	20.2	19.5	19.6	21.6	21.1	20.9	21.1	20.7	20.6

续表

	单位	2002	2003	2004	2005	2006	2007	2008	2009	2010	2011	2012
行驶总里程²	百万km	152315	159523	177589	186721	205200	216846	216630	226247	237700	246580	259698
平均耗油量/100km³	L	6.9	6.9	6.9	6.8	6.9	6.9	6.8	6.8	6.8	6.7	6.7
总油耗³,⁴	百万L	10529	10958	12210	12740	14058	14854	14717	15304	16149	16613	17499
客车⁵												
保有量¹	1000辆	85.1	85.5	85.5	84.1	83.7	74.9	75.0	74.8	74.8	74.4	74.4
平均行驶里程²	1000km	42.6	41.7	41.6	41.6	41.8	45.4	44.2	43.5	43.5	43.5	43.7
行驶总里程²	百万km	3631	3568	3560	3500	3500	3400	3320	3251	3252	3234	3255
平均耗油量/100km³	L	30.2	30.1	30.1	30.1	30.2	30.2	29.0	29.0	29.0	29.0	29.0
总油耗³,⁴	百万L	1097	1074	1070	1052	1057	1027	963	943	943	938	944
卡车												
保有量¹	1000辆	2368	2359	2355	2368	2391	2177	2204	2224	2282	2371	2423
平均行驶里程²	1000km	23.3	23.3	23.4	23.0	23.2	26.5	26.4	25.6	25.5	25.3	25.0
行驶总里程²	百万km	55066	55025	55036	54542	55358	57648	58300	56962	58116	59951	60597
平均耗油量/100km³	L	20.3	19.5	19.5	19.3	20.2	19.6	19.5	19.2	19.0	18.8	18.6
总油耗³,⁴	百万L	11179	10743	10756	10527	11189	11281	11393	10934	11059	11293	11252
载拖式牵引车												
保有量¹	1000辆	179	180	182	188	201	180	177	171	178	184	182
平均行驶里程²	1000km	76.6	78.0	83.0	83.0	83.0	99.0	102.0	97.1	94.9	94.7	91.7
行驶总里程²	百万km	13702	14025	15104	15512	16604	17801	18039	16550	16856	17423	16699
平均耗油量/100km³	L	36.9	36.4	36.0	35.8	36.4	36.1	35.6	35.6	35.6	34.6	34.5
总油耗³,⁴	百万L	5052	5105	5444	5558	6038	6422	6426	5896	6005	6024	5761
其他牵引车⁷												
保有量¹	1000辆	835	860	905	945	976	1015	1043	1100	1124	1177	1224
平均行驶里程²	1000km	4.4	4.4	4.4	4.4	4.4	4.3	4.3	4.3	4.3	4.3	4.3

续表

	单位	2002	2003	2004	2005	2006	2007	2008	2009	2010	2011	2012
行驶总里程[2]	百万km	3674	3783	3937	4111	4248	4364	4485	4728	4835	5060	5261
平均耗油量/100km[3]	L	30.1	30.1	30.1	30.1	30.1	30.1	30.1	30.1	30.1	30.1	30.1
总油耗[3,4]	百万L	1106	1139	1185	1237	1279	1313	1350	1423	1455	1523	1584
其他机动车[8]												
保有量[1]	1000辆	570	584	597	600	246	229	231	234	237	242	246
平均行驶里程[2]	1000km	13.2	13.2	13.2	13.2	13.2	14.4	14.0	14.0	14.0	14.0	14.0
行驶总里程[2]	百万km	7530	7705	7880	7920	3252	3298	3230	3283	3320	3385	3446
平均耗油量/100km[3]	L	23.7	23.7	23.7	23.7	23.7	23.9	23.3	23.5	23.5	23.5	23.5
总油耗[3,4]	百万L	1785	1826	1868	1877	771	788	753	771	780	796	810
机动车总量												
保有量[1]	1000辆	11345	12034	12937	13777	14382	13721	14020	14621	15162	15939	16728
行驶总里程[2]	百万km	235918	243630	263106	272305	288163	303357	304004	311022	324078	335633	348956
总油耗[4,9]	百万L	32418	32446	34133	34542	35791	37085	36901	36441	37862	38606	39249
总油耗[4,9]	1000t	27069	27092	28501	28843	29886	30966	30812	30428	31615	32236	32773

1 不包括非上路车。
2 德国国内行驶里程（包括国外道路）。
3 化油器燃料。
4 德国国内行驶里程。
5 包括有机电车。
6 轻型与重型卡车。
7 包括拖拉机和托车（非农业）。
8 包括无须登记的工程机械用车（无官方产权证证明）。
9 包括非常规耗油的城际交通。

附录 B.5　鲁尔区最优配送半径评分标准计算过程

配送区域		配送半径		城镇	
数量	分数	km	分数	数量	分数
1	36	12	36	18	1
2	35	13	35	19	2
3	34	14	34	20	3
4	33	15	33	21	4
5	32	16	32	22	5
6	31	17	31	23	6
7	30	18	30	24	7
8	29	19	29	25	8
9	28	20	28	26	9
10	27	21	27	27	10
11	26	22	26	28	11
12	25	23	25	29	12
13	24	24	24	30	13
14	23	25	23	31	14
15	22	26	22	32	15
16	21	27	21	33	16
17	20	28	20	34	17
18	19	29	19	35	18
19	18	30	18	36	19
20	17	31	17	37	20
21	16	32	16	38	21
22	15	33	15	39	22
23	14	34	14	40	23
24	13	35	13	41	24
25	12	36	12	42	25
26	11	37	11	43	26
27	10	38	10	44	27
28	9	39	9	45	28
29	8	40	8	46	29
30	7	41	7	47	30

配送区域		配送半径		城镇	
数量	分数	km	分数	数量	分数
31	6	42	6	48	31
32	5	43	5	49	32
33	4	44	4	50	33
34	3	45	3	51	34
35	2	46	2	52	35
36	1	47	1	53	36

附录 B.6 鲁尔区最优配送半径计算结果

配送区域	分数	总数	半径	分数	总数	城镇	分数	总数	汇总
10	27	81	12	36	72	50	33	33	186
7	30	90	13	35	70	45	28	28	188
8	29	87	14	34	68	49	32	32	187
7	30	90	15	33	66	50	33	33	189
8	29	87	16	32	64	50	33	33	184
8	29	87	17	31	62	52	35	35	184
6	31	93	18	30	60	51	34	34	187
5	32	96	19	29	58	50	33	33	187
4	33	99	20	28	56	51	34	34	189
4	33	99	21	27	54	52	35	35	188
5	32	96	22	26	52	52	35	35	183
4	33	99	23	25	50	51	34	34	183
4	33	99	24	24	48	52	35	35	182
4	33	99	25	23	46	52	35	35	180
4	33	99	26	22	44	52	35	35	178
3	34	102	27	21	42	52	35	35	179
3	34	102	28	20	40	52	35	35	177
3	34	102	29	19	38	52	35	35	175
3	34	102	30	18	36	52	35	35	173
3	34	102	31	17	34	53	36	36	172
3	34	102	32	16	32	53	36	36	170
3	34	102	33	15	30	53	36	36	168

配送区域	分数	总数	半径	分数	总数	城镇	分数	总数	汇总
3	34	102	34	14	28	53	36	36	166
3	34	102	35	13	26	53	36	36	164
3	34	102	36	12	24	53	36	36	162
3	34	102	37	11	22	53	36	36	160
3	34	102	38	10	20	53	36	36	158
3	34	102	39	9	18	53	36	36	156
3	34	102	40	8	16	53	36	36	154
3	34	102	41	7	14	53	36	36	152
3	34	102	42	6	12	53	36	36	150
3	34	102	43	5	10	53	36	36	148
3	34	102	44	4	8	53	36	36	146
3	34	102	45	3	6	53	36	36	144
3	34	102	46	2	4	53	36	36	142
3	34	102	47	1	2	53	36	36	140

以上分数计算均由附录B.5产生。

参照4.4.3.3

"配送区域"数量的权重为3（重要）。

"配送半径"长度的权重为2（一般）。

"城镇"被包括数量的权重为1（少）。

附录 B.7　汉诺威地区最优配送半径评分标准计算过程

配送区域		配送半径		城镇	
数量	分数	km	分数	数量	分数
1	9	12	9	13	1
2	8	13	8	14	2
3	7	14	7	15	3
4	6	15	6	16	4
5	5	16	5	17	5
6	4	17	4	18	6
7	3	18	3	19	7
8	2	19	2	20	8
9	1	20	1	21	9

附录 B.8 汉诺威地区最优配送半径计算结果

配送区域	分数	总数	半径	分数	总数	城镇	分数	总数	汇总
4	6	18	12	9	0.09	19	7	0.07	18.16
4	6	18	13	8	0.08	19	7	0.07	18.15
4	6	18	14	7	0.07	20	8	0.08	18.15
4	6	18	15	6	0.06	21	9	0.09	18.15
3	7	21	16	5	0.05	20	8	0.08	21.13
3	7	21	17	4	0.04	21	9	0.09	21.13
3	7	21	18	3	0.03	20	8	0.08	21.11
3	7	21	19	2	0.02	20	8	0.08	21.10
4	6	18	20	1	0.01	21	9	0.09	18.10

以上分数计算均由附录B.6产生。

参照4.4.3.3

"配送区域"数量的权重为3（重要）。

"配送半径"长度的权重为0.01（微不足道）。

"城镇"被包括数量的权重为0.01（微不足道）。

附录 B.9 2008 年德国境内机动车权重计算表

目录	类型	数量/千辆	总数/千辆	平均行驶里程/1000km	平均1000km耗油/L	总耗油/百万L	划分参数
摩托车	轻型摩托车	2043	5702	2.3	20	609897	106.96
	摩托车	3659		3	47		
轿车	汽油机轿车	31031	41321	11.9	81	44674872.9	1081.17
	柴油机轿车	10290		21.1	68		
卡车	汽油机卡车	142	2346	14	120	11584752	4938.09
	柴油机卡车	2204		26.4	195		
牵引车	汽油机牵引车	21	1241	2	170	7784318.9	6272.62
	柴油机牵引车	1043		4.3	301		
	载拖式牵引车	177		102	356		
其他机动车	汽油机客车	0.1	336.1	15.5	180	1766151	5254.84
	其他汽油机机动车	30		10	170		
	柴油机客车	75		44.2	290		
	其他柴油机机动车	231		14	233		

附录 B.10 2008 年鲁尔区城镇耗油量权重确认表

城镇	摩托车	轿车	卡车	载拖式牵引车	其他	总油耗/L	总油耗/百万L
划分参数	106.96	1081.17	4938.09	6272.62	5254.84		
Wesel	2596	31236	1672	661	243	47728708.7	47.73
Hamminkeln	1296	14813	845	1194	102	28352179.38	28.35
Schermbeck	741	8101	338	564	93	14533347.75	14.53
Xanten	1094	11083	462	269	104	16614857.07	16.61
Huenxe	798	8266	362	521	37	14272357.98	14.27
Sonsbeck	470	4624	268	393	34	9016813.62	9.02
Alpen	787	7548	444	436	320	14853771.76	14.85
Voerde	1964	20102	739	303	94	27987556.11	27.99
Dinslaken	3122	36127	1417	405	122	49572132.82	49.57
Rheinberg	1649	17358	740	365	85	25333680.2	25.33
Kamp-Lintfort	1588	18834	825	311	121	27193152.97	27.19
Neukirchen-Vluyn	1374	14858	586	260	64	21071898.6	21.07
Moers	4641	54479	2455	793	394	78565067.36	78.57
Duisburg	18016	209040	10971	1689	1261	299331362	299.33
Essen	20145	259397	13930	1624	1895	371539214.1	371.54
Oberhausen	8631	98379	4574	472	583	135898667.2	135.90
Mülheim	6790	84641	3995	594	462	118118910.3	118.12
Recklinghausen	5280	57013	2434	392	377	78664746.79	78.66
Herten	2778	30484	1361	376	346	44152941.41	44.15
Castrop-Rauxel	3624	36899	1467	312	218	50628505.46	50.63
Marl	4099	42065	1533	416	278	57558192.5	57.56
Oer-Erkenschwick	1346	14355	469	216	70	19702852.44	19.70
Datteln	1771	17519	709	418	96	25757969	25.76
Waltrop	1729	15359	665	315	79	22465461.38	22.47
Dorsten	3872	40856	2184	1248	249	64507904.12	64.51
Haltern	1913	19789	739	689	138	30296139.22	30.30
Hagen	8247	86846	5130	1038	666	130120493.6	130.12
Breckerfeld	610	5142	268	274	39	8871666.5	8.87
Ennepetal	1878	17611	938	371	182	27156807.07	27.16

城镇	摩托车	轿车	卡车	载拖式牵引车	其他	总油耗/L	总油耗/百万L
Gevelsberg	1642	16912	958	179	70	24681703.36	24.68
Hattingen	2862	28890	1073	505	216	41142409.93	41.14
Herdecke	1459	14146	456	141	47	18833471.4	18.83
Schwelm	1450	14673	759	210	93	21573060.04	21.57
Sprockhövel	1655	15510	735	389	61	23336056.07	23.34
Wetter	1592	15322	827	249	121	23017485.51	23.02
Witten	5174	48705	2171	523	207	68300721.42	68.30
Selm	1369	14288	549	393	205	21847578.47	21.85
Werne	1378	16375	675	480	137	24915531.06	24.92
Lünen	3662	40558	1841	317	194	56340663.57	56.34
Bergkamen	2451	24554	828	182	156	32859317.54	32.86
Kamen	2193	22807	826	231	135	31130048.43	31.13
Bönen	886	10034	401	178	28	14187062.31	14.19
Unna	2679	32062	1542	602	251	47660635.24	47.66
Holzwickede	898	9794	461	163	33	14157335.33	14.16
Fröndenberg	1257	12245	496	318	75	18211474.17	18.21
Schwerte	2410	25731	975	267	144	35323483.12	35.32
Hamm	6452	82891	3756	1547	520	121293094.4	121.29
Dortmund	20879	249379	12043	1812	1355	349810024.8	349.81
Gelsenkirchen	8822	111722	5648	631	653	157013841.9	157.01
Bochum	14301	194656	16133	975	1285	304520342.4	304.52
Gladbeck	3134	34230	1316	314	147	46584252.34	46.58
Bottrop	5765	59913	2462	614	276	82852064.71	82.85
Herne	5981	60819	3304	272	532	87212582.87	87.21

附录 B.11 2008 年鲁尔区被优化后的配送区域和城镇坐标

第一次调整（程序 V）   单位：百万 L

配送区域 1				配送区域2			
序号	城镇	坐标	权重	序号	城镇	坐标	权重
15	Essen	[51.45，7.02]	371.54	27	Hagen	[51.37，7.48]	130.12

配送区域1				配送区域2			
序号	城镇	坐标	权重	序号	城镇	坐标	权重
18	Recklinghausen	[51.62, 7.20]	78.66	28	Breckerfeld	[51.27, 7.47]	8.87
19	Herten	[51.60, 7.13]	44.15	29	Ennepetal	[51.30, 7.35]	27.16
21	Marl	[51.65, 7.08]	57.56	30	Gevelsberg	[51.32, 7.33]	24.68
31	Hattingen	[51.40, 7.18]	41.14	32	Herdecke	[51.40, 7.43]	18.83
49	Gelsenkirchen	[51.52, 7.10]	157.01	34	Sprockhoevel	[51.37, 7.25]	23.34
50	Bochum	[51.48, 7.22]	304.52	35	Wetter	[51.38, 7.38]	23.02
51	Gladbeck	[51.57, 7.00]	46.58	36	Witten	[51.43, 7.33]	68.3
52	Bottrop	[51.52, 6.92]	82.85	46	Schwerte	[51.45, 7.57]	35.32
53	Herne	[51.55, 7.22]	87.21	48	Dortmund	[51.52, 7.47]	349.81
第一次调整	Gelsenkirchen*	[51.52, 7.10]		第一次调整	Dortmund	[51.52, 7.47]	

配送区域3				配送区域4			
序号	城镇	坐标	权重	序号	城镇	坐标	权重
1	Wesel	[51.67, 6.62]	47.73	37	Selm	[51.68, 7.48]	21.85
4	Xanten	[51.67, 6.45]	16.61	38	Werne	[51.67, 7.63]	24.92
6	Sonsbeck	[51.62, 6.38]	9.02	39	Luenen	[51.62, 7.52]	56.34
7	Alpen	[51.58, 6.52]	14.85	40	Bergkamen	[51.62, 7.63]	32.86
8	Voerde	[51.60, 6.68]	27.99	41	Kamen	[51.60, 7.67]	31.13
9	Dinslaken	[51.57, 6.73]	49.57	42	Boenen	[51.60, 7.77]	14.19
10	Rheinberg	[51.55, 6.60]	25.33	43	Unna	[51.53, 7.68]	47.66
11	KampLintfort	[51.50, 6.53]	27.19	44	Holzwickede	[51.50, 7.62]	14.16
12	NeukirchenVluyn	[51.45, 6.55]	21.07	47	Hamm	[51.68, 7.82]	121.29
第一次调整	Voerde	[51.58, 6.63]		第一次调整	Bergkamen	[51.62, 7.67]	

配送区域5				配送区域6			
序号	城镇	坐标	权重	序号	城镇	坐标	权重
20	CastropRauxel	[51.55, 7.32]	50.63	13	Moers	[51.45, 6.63]	78.57
22	OerErkeschwick	[51.65, 7.25]	19.7	14	Duisburg	[51.43, 6.77]	299.33
23	Datteln	[51.65, 7.35]	25.76	16	Oberhausen	[51.47, 6.87]	135.9
24	Waltrop	[51.62, 7.38]	22.47	17	Muelheim	[51.43, 6.88]	118.12
26	Haltern	[51.75, 7.18]	30.3				
第一次调整	Datteln	[51.63, 7.32]		第一次调整	Duisburg	[51.43, 6.77]	

配送区域7			
序号	城镇	坐标	权重
3	Schermbeck	[51.70，6.88]	14.53
5	Huenxe	[51.65，6.77]	14.27
25	Dorsten	[51.67，6.97]	64.51
第一次调整	Dorsten	[51.67，6.97]	

*炼油厂Gelsenkirchen将作为第一个配送区域被划分。

第二、三次调整（程序Ⅵ和程序Ⅴ）

配送区域1				配送区域2			
序号	城镇	坐标	权重	序号	城镇	坐标	权重
15	Essen	[51.45，7.02]	371.54	27	Hagen	[51.37，7.48]	130.12
19	Herten	[51.60，7.13]	44.15	28	Breckerfeld	[51.27，7.47]	8.87
31	Hattingen	[51.40，7.18]	41.14	29	Ennepetal	[51.30，7.35]	27.16
34	Sprockhoevel	[51.37，7.25]	23.34	30	Gevelsberg	[51.32，7.33]	24.68
49	Gelsenkirchen	[51.52，7.10]	157.01	32	Herdecke	[51.40，7.43]	18.83
50	Bochum	[51.48，7.22]	304.52	33	Schwelm	[51.28，7.30]	21.57
51	Gladbeck	[51.57，7.0]	46.58	35	Wetter	[51.38，7.38]	23.02
52	Bottrop	[51.52，6.92]	82.85	36	Witten	[51.43，7.33]	68.3
53	Herne	[51.55，7.22]	87.21	44	Holzwickede	[51.50，7.62]	14.16
				46	Schwerte	[51.45，7.57]	35.32
				48	Dortmund	[51.52，7.47]	349.81
第二、三次调整		[51.53，7.07]		第二、三次调整		[51.52，7.47]	
可用港口*		[51.53，7.07]		可用港口*		[51.53，7.44]	

配送区域3				配送区域4			
序号	城镇	坐标	权重	序号	城镇	坐标	权重
1	Wesel	[51.67，6.62]	47.73	38	Werne	[51.67，7.63]	24.92
2	Hamminkeln	[51.73，6.58]	28.35	39	Luenen	[51.62，7.52]	56.34
4	Xanten	[51.67，6.45]	16.61	40	Bergkamen	[51.62，7.63]	32.86
5	Huenxe	[51.65，6.77]	14.27	41	Kamen	[51.60，7.67]	31.13
6	Sonsbeck	[51.62，6.38]	9.02	42	Boenen	[51.60，7.77]	14.19
7	Alpen	[51.58，6.52]	14.85	43	Unna	[51.53，7.68]	47.66
8	Voerde	[51.60，6.68]	27.99	45	Froendenberg	[51.47，7.77]	18.21

续表

	配送区域3				配送区域4		
序号	城镇	坐标	权重	序号	城镇	坐标	权重
9	Dinslaken	[51.57，6.73]	49.57	47	Hamm	[51.68，7.82]	121.29
10	Rheinberg	[51.55，6.60]	25.33				
11	KampLintfort	[51.50，6.53]	27.19				
第二、三次调整		[51.58，6.62]		第二、三次调整		[51.62，7.67]	
可用港口*		[51.63，6.61]		可用港口*		[51.64，7.64]	

	配送区域5				配送区域6		
序号	城镇	坐标	权重	序号	城镇	坐标	权重
18	Recklinghausen	[51.62，7.20]	78.66	12	NeukirchenVluyn	[51.45，6.55]	21.07
20	CastropRauxel	[51.55，7.32]	50.63	13	Moers	[51.45，6.63]	78.57
22	OerErkeschwick	[51.65，7.25]	19.7	14	Duisburg	[51.43，6.77]	299.33
23	Datteln	[51.65，7.35]	25.76	16	Oberhausen	[51.47，6.87]	135.9
24	Waltrop	[51.62，7.38]	22.47	17	Muelheim	[51.43，6.88]	118.12
26	Haltern	[51.75，7.18]	30.3				
37	Selm	[51.68，7.48]	21.85				
第二、三次调整		[51.63，7.26]		第二、三次调整		[51.43，6.77]	
可用港口*		[51.66，7.36]		可用港口*		[51.45，6.75]	

	配送区域7		
序号	城镇	坐标	权重
3	Schermbeck	[51.70，6.88]	14.53
21	Marl	[51.65，7.08]	57.56
25	Dorsten	[51.67，6.97]	64.51
第二、三次调整		[51.67，6.97]	
可用港口*		[51.67，6.97]	

*由于水路运输在成本方面的优势，内河航运在该部分作为一次物流的首选运输方式。因此，油库附近的可用港口将作为最优油库位置。

第四次调整（程序Ⅵ）

	配送区域1				配送区域2		
序号	城镇	坐标	权重	序号	城镇	坐标	权重
15	Essen	[51.45，7.02]	371.54	20	CastropRauxel	[51.55，7.32]	50.63

配送区域1				配送区域2			
序号	城镇	坐标	权重	序号	城镇	坐标	权重
19	Herten	[51.60，7.13]	44.15	27	Hagen	[51.37，7.48]	130.12
31	Hattingen	[51.40，7.18]	41.14	28	Breckerfeld	[51.27，7.47]	8.87
34	Sprockhoevel	[51.37，7.25]	23.34	29	Ennepetal	[51.30，7.35]	27.16
49	Gelsenkirchen	[51.52，7.10]	157.01	30	Gevelsberg	[51.32，7.33]	24.68
50	Bochum	[51.48，7.22]	304.52	32	Herdecke	[51.40，7.43]	18.83
51	Gladbeck	[51.57，7.0]	46.58	33	Schwelm	[51.28，7.30]	21.57
52	Bottrop	[51.52，6.92]	82.85	35	Wetter	[51.38，7.38]	23.02
53	Herne	[51.55，7.22]	87.21	36	Witten	[51.43，7.33]	68.3
				44	Holzwickede	[51.50，7.62]	14.16
				46	Schwerte	[51.45，7.57]	35.32
				48	Dortmund	[51.52，7.47]	349.81
最终调整（可用港口）		[51.53，7.07]		最终调整（可用港口）		[51.53，7.44]	

配送区域3				配送区域4			
序号	城镇	坐标	权重	序号	城镇	坐标	权重
1	Wesel	[51.67，6.62]	47.73	38	Werne	[51.67，7.63]	24.92
2	Hamminkeln	[51.73，6.58]	28.35	39	Luenen	[51.62，7.52]	56.34
4	Xanten	[51.67，6.45]	16.61	40	Bergkamen	[51.62，7.63]	32.86
5	Huenxe	[51.65，6.77]	14.27	41	Kamen	[51.60，7.67]	31.13
6	Sonsbeck	[51.62，6.38]	9.02	42	Boenen	[51.60，7.77]	14.19
7	Alpen	[51.58，6.52]	14.85	43	Unna	[51.53，7.68]	47.66
8	Voerde	[51.60，6.68]	27.99	45	Froendenberg	[51.47，7.77]	18.21
9	Dinslaken	[51.57，6.73]	49.57	47	Hamm	[51.68，7.82]	121.29
10	Rheinberg	[51.55，6.60]	25.33				
11	KampLintfort	[51.50，6.53]	27.19				
最终调整（可用港口）		[51.63，6.61]*		最终调整（可用港口）		[51.64，7.64]*	

配送区域5				配送区域6			
序号	城镇	坐标	权重	序号	城镇	坐标	权重
18	Recklinghausen	[51.62，7.20]	78.66	12	NeukirchenVluyn	[51.45，6.55]	21.07
22	OerErkeschwick	[51.65，7.25]	19.7	13	Moers	[51.45，6.63]	78.57
23	Datteln	[51.65，7.35]	25.76	14	Duisburg	[51.43，6.77]	299.33
24	Waltrop	[51.62，7.38]	22.47	16	Oberhausen	[51.47，6.87]	135.9
26	Haltern	[51.75，7.18]	30.3	17	Muelheim	[51.43，6.88]	118.12
37	Selm	[51.68，7.48]	21.85				
最终调整（可用港口）		[51.66，7.36]		最终调整（可用港口）		[51.45，6.75]*	

配送区域7			
序号	城镇	坐标	权重
3	Schermbeck	[51.70，6.88]	14.53
21	Marl	[51.65，7.08]	57.56
25	Dorsten	[51.67，6.97]	64.51
最终调整（可用港口）		[51.67，6.97]	

附录 B.12 2008 年汉诺威地区城镇耗油量权重确认表

城镇	摩托车	轿车	卡车	载拖式牵引车	其他	总油耗/L	总油耗/百万L
划分参数	106.96	1081.17	4938.09	6272.62	5254.84		
Barsinghausen	1595	17118	585	345	137	24450818.89	24.45
Burgdorf	1239	14757	569	346	58	21372229.58	21.37
Burgwedel	1008	12116	636	446	63	19476540.08	19.48
Garbsen	2580	30767	1369	468	202	44297623.24	44.30
Gehrden	622	7862	331	139	25	11204460.63	11.20
Hannover	12980	191325	10564	1089	2320	279431285.8	279.43
Hemmingen	886	10618	477	150	57	15170517.43	15.17
Isernhagen	1103	14912	1169	458	108	25453393.81	25.45
Laatzen	1407	18611	1550	145	139	29566139.75	29.57
Langenhagen	2170	27196	2607	535	266	47262842.29	47.26
Lehrte	2029	21221	1215	681	158	34262228.7	34.26
Neustadt	2512	23175	1030	1519	149	40722111.91	40.72
Pattensen	803	7739	1391	345	38	17685684.52	17.69
Ronnenberg	1071	11433	836	203	95	18376365.67	18.38
Seelze	1536	15032	588	211	71	21016651.38	21.02
Sehnde	1145	11341	510	462	54	18084155.87	18.08
Springe	1503	15606	732	602	77	24828921.7	24.83
Uetze	1160	10333	658	736	53	19440221.27	19.44
Wedemark	1783	16499	1017	740	92	28176155.12	28.18
Wennigsen	698	7583	300	169	28	10961805.49	10.96
Wunsttorf	1832	20804	879	623	96	31441499.41	31.44

附录 B.13　2008 年汉诺威地区被优化后的配送区域和城镇坐标

第一次调整（程序 V）

序号	城镇	坐标	权重	序号	城镇	坐标	权重
	Bezirk1				Bezirk2		
1	Barsinghausen	[52.30，9.47]	24.45	2	Burgdorf	[52.45，10.01]	21.37
4	Garbsen	[52.43，9.60]	44.3	3	Burgwedel	[52.50，9.90]	19.48
5	Gehrden	[52.31，9.60]	11.2	8	Isernhagen	[52.48，9.80]	25.45
6	Hannover	[52.38，9.73]	279.43	11	Lehrte	[52.37，9.98]	34.26
7	Hemmingen	[52.32，9.73]	15.17	16	Sehnde	[52.32，9.97]	18.08
9	Laatzen	[52.31，9.81]	29.57	18	Uetze	[52.46，10.20]	19.44
10	Langenhagen	[52.45，9.74]	47.26				
13	Pattensen	[52.27，9.76]	17.69	第一次调整		[52.42，9.98]	
14	Ronnenberg	[52.32，9.65]	18.38		Bezirk3		
15	Seelze	[52.39，9.59]	21.02	序号	城镇	坐标	权重
17	Springe	[52.21，9.55]	24.83	12	Neustadt	[52.50，9.45]	40.72
20	Wennigsen	[52.28，9.57]	10.96	21	Wunsttorf	[52.42，9.44]	31.44
第一次调整		[52.38，9.73]		第一次调整		[52.50，9.45]	

第二、三次调整（程序 VI 和程序 V）

序号	城镇	坐标	权重	序号	城镇	坐标	权重
	配送区域1				配送区域2		
1	Barsinghausen	[52.30，9.47]	24.45	2	Burgdorf	[52.45，10.01]	21.37
4	Garbsen	[52.43，9.60]	44.3	3	Burgwedel	[52.50，9.90]	19.48
5	Gehrden	[52.31，9.60]	11.2	11	Lehrte	[52.37，9.98]	34.26
6	Hannover	[52.38，9.73]	279.43	16	Sehnde	[52.32，9.97]	18.08
7	Hemmingen	[52.32，9.73]	15.17	18	Uetze	[52.46，10.20]	19.44
8	Isernhagen	[52.48，9.80]	25.45				
9	Laatzen	[52.31，9.81]	29.57				
10	Langenhagen	[52.45，9.74]	47.26	第二、三次调整		[52.41，10.00]	
13	Pattensen	[52.27，9.76]	17.69	可用港口		[52.38，9.88]	
14	Ronnenberg	[52.32，9.65]	18.38		配送区域3		
15	Seelze	[52.39，9.59]	21.02	序号	城镇	坐标	权重
17	Springe	[52.21，9.55]	24.83	12	Neustadt	[52.50，9.45]	40.72

续表

配送区域1				配送区域3			
序号	城镇	坐标	权重	序号	城镇	坐标	权重
19	Wedemark	[52.53, 9.72]	28.18	21	Wunsttorf	[52.42, 9.44]	31.44
20	Wennigsen	[52.28, 9.57]	10.96				
第二、三次调整		[52.38, 9.73]		第二、三次调整		[52.50, 9.45]	
可用港口		[52.42, 9.72]		可用港口		[52.40, 9.45]	

第四次调整（程序Ⅵ）

配送区域1				配送区域2			
序号	城镇	坐标	权重	序号	城镇	坐标	权重
4	Garbsen	[52.43, 9.60]	44.3	2	Burgdorf	[52.45, 10.01]	21.37
6	Hannover	[52.38, 9.73]	279.43	3	Burgwedel	[52.50, 9.90]	19.48
7	Hemmingen	[52.32, 9.73]	15.17	9	Laatzen	[52.31, 9.81]	29.57
8	Isernhagen	[52.48, 9.80]	25.45	11	Lehrte	[52.37, 9.98]	34.26
10	Langenhagen	[52.45, 9.74]	47.26	13	Pattensen	[52.27, 9.76]	17.69
14	Ronnenberg	[52.32, 9.65]	18.38	16	Sehnde	[52.32, 9.97]	18.08
15	Seelze	[52.39, 9.59]	21.02	18	Uetze	[52.46, 10.20]	19.44
19	Wedemark	[52.53, 9.72]	28.18				
最后调整（可用港口）		[52.42, 9.72]		最后调整（可用港口）		[52.38, 9.88]	

配送区域3			
序号	城镇	坐标	权重
1	Barsinghausen	[52.30, 9.47]	24.45
5	Gehrden	[52.31, 9.60]	11.2
12	Neustadt	[52.50, 9.45]	40.72
17	Springe	[52.21, 9.55]	24.83
20	Wennigsen	[52.28, 9.57]	10.96
21	Wunsttorf	[52.42, 9.44]	31.44
最后调整（可用港口）		[52.40, 9.45]	

附录 B.14　2012 年鲁尔区城镇耗油量权重确认表

城镇	摩托车	轿车	卡车	载拖式牵引车	其他	总油耗/L	总油耗/百万L
划分参数	108.22	1016.77	4496.33	5106.68	5209.42		
Wesel	2696	32359	1745	722	233	45940335.22	45.94
Hamminkeln	1380	15810	966	1283	112	27703257.56	27.70
Schermbeck	831	8557	504	583	97	14539090.21	14.54
Xanten	1074	11912	467	285	118	16397893.99	16.40
Hünxe	846	8988	436	580	48	14402609.32	14.40
Sonsbeck	504	4994	294	378	36	8572077.44	8.57
Alpen	844	8100	522	428	411	15000989.6	15.00
Voerde	1957	20794	812	323	88	27113408.48	27.11
Dinslaken	3199	37427	1588	401	104	48130576.97	48.13
Rheinberg	1729	18170	781	370	85	24505729.31	24.51
Kam-Lintfort	1596	19731	886	279	140	26372438.89	26.37
Neukirchen-Vluyn	1329	15368	639	237	65	20191596.07	20.19
Moers	4654	56493	2592	694	399	75221125.35	75.22
Duisburg	18211	214941	10751	2000	1241	285534649	285.53
Essen	20732	266528	14795	1632	1865	357814164	357.81
Oberhausen	9024	101542	4906	484	578	131763109.5	131.76
Mülheim	7016	87056	4145	597	441	113258530.7	113.26
Recklinghausen	5376	58850	2588	402	347	75915761.36	75.92
Herten	2882	31512	1477	504	278	43015411.17	43.02
Castrop-Rauxel	3653	38429	1490	314	203	48829323.47	48.83
Marl	4198	43725	1667	551	245	56498046.5	56.50
Oer-Erkenschwick	1333	14951	412	231	70	18742775.97	18.74
Datteln	1851	18235	783	378	92	24671334.24	24.67
Waltrop	1815	16046	735	342	79	21974342.01	21.97
Dorsten	3920	42188	2121	1293	234	60678372.61	60.68
Haltern	2078	20919	745	703	131	29116888.7	29.12
Hagen	8480	89221	5018	1065	631	122923283.9	122.92
Breckerfeld	635	5308	296	307	36	8551938.42	8.55
Ennepetal	2011	18151	960	411	192	26088553.61	26.09

续表

城镇	摩托车	轿车	卡车	载拖式牵引车	其他	总油耗/L	总油耗/百万L
Gevelsberg	1667	17419	995	163	69	23557206.54	23.56
Hattingen	2930	29684	1147	493	237	39408401.57	39.41
Herdecke	1528	14434	473	162	58	18097610.95	18.10
Schwelm	1552	14878	788	258	74	20541590.06	20.54
Sprockhövel	1789	16072	792	399	63	22461985.16	22.46
Wetter	1614	15888	868	281	137	22380590.9	22.38
Witten	5358	50291	2334	556	219	66188834.11	66.19
Selm	1412	14947	601	376	116	20577166.56	20.58
Werne	1455	17056	859	456	126	24346869.69	24.35
Lünen	3782	41596	1900	315	210	53948462.36	53.95
Bergkamen	2475	25389	899	190	164	31949432.78	31.95
Kamen	2217	23308	808	215	142	29409507.38	29.41
Bönen	890	10805	468	212	41	14483000.47	14.48
Unna	2832	33001	1635	605	203	45359459.02	45.36
Holzwickede	971	10331	642	153	38	14475256.35	14.48
Fröndenberg	1289	12505	558	361	72	17581746.29	17.58
Schwerte	2559	26408	1024	316	156	34158419.46	34.16
Hamm	6684	86429	4130	1480	512	117396709.2	117.40
Dortmund	21983	258153	12827	2052	1322	339901411.6	339.90
Gelsenkirchen	8971	114635	6059	941	693	153187048	153.19
Bochum	14765	186568	11124	970	1027	251615342.5	251.62
Gladbeck	3209	35780	1382	291	178	45354557.28	45.35
Bottrop	6040	62041	2739	651	259	80724212.7	80.72
Herne	6113	70922	3364	283	544	92177679.84	92.18

附录 B.15　2012 年汉诺威地区城镇耗油量权重确认表

城镇	摩托车	轿车	卡车	载拖式牵引车	其他	总油耗/L	总油耗/百万L
划分参数	108.22	1016.77	4496.33	5106.68	5209.42		
Barsinghausen	1676	17797	695	374	137	24025370.62	24.03

城镇	摩托车	轿车	卡车	载拖式牵引车	其他	总油耗/L	总油耗/百万L
Burgdorf	1332	15264	635	358	56	20639214.83	20.64
Burgwedel	1086	12607	645	457	74	18555329	18.56
Garbsen	2745	31389	1447	458	170	41943107.78	41.94
Gehrden	695	8046	415	147	27	11013457.57	11.01
Hannover	14345	201199	11009	1135	2527	274585906.2	274.59
Hemmingen	963	10926	547	160	50	14750477.19	14.75
Isernhagen	1175	15097	1154	384	115	23226148.43	23.23
Laatzen	1499	18825	951	153	93	24844724.96	24.84
Langenhagen	2353	28214	2885	626	311	46730613.79	46.73
Lehrte	2191	22004	1199	631	157	32041410.79	32.04
Neustadt	2751	24187	1158	1551	157	38835418.97	38.84
Pattensen	911	8153	1084	372	43	15386025.97	15.39
Ronnenberg	1162	11799	856	229	87	17594128.61	17.59
Seelze	1555	15409	641	240	70	20308101.16	20.31
Sehnde	1234	11912	535	470	75	17441690.37	17.44
Springe	1584	15835	780	634	127	23678342.29	23.68
Uetze	1213	10645	702	781	84	18537119.53	18.54
Wedemark	2001	17406	1023	732	103	26788852.45	26.79
Wennigsen	753	7890	298	192	47	10669036.6	10.67
Wunsttorf	2000	21664	1014	658	102	30694580.18	30.69

附录 B.16 鲁尔区一次物流配送距离（实际现状：运输距离和运输质量）

实际油库	km			百万L	百万L·km		
	油罐车	火车	油船	权重	油罐车	火车	油船
Gelsenkirchen	0.00	0.00	0.00	746.90	0.00	0.00	0.00
Essen	10.30	18.60	6.50	477.94	4922.78	8889.68	3106.61
Duisburg	28.90	28.10	22.60	676.84	19560.68	19019.20	15296.58
Dortmund	34.10	36.80	38.45	764.69	26075.93	28140.59	29402.33
Hamm	76.40	83.50	61.38	149.46	11418.74	12479.91	9173.85
Hünxe	37.90	54.50	62.77	278.47	10554.01	15176.62	17479.56
Lünen	41.50	43.50	38.41	274.45	11389.68	11938.58	10541.62
总计	229.10	265.00	230.11	3368.75	83921.82	95644.58	85000.57

附录 B.17 鲁尔区一次物流配送距离（优化后运输状态：被优化后油库的运输距离和运输质量）

实际油库	km			百万L	百万L·km		
	油罐车	火车	油船	权重	油罐车	火车	油船
Gelsenkirchen	0.00	0.00	0.00	1085.76	0.00	0.00	0.00
Dorsten	21.40	23.30	57.77	131.72	2818.81	3069.08	7609.46
Duisburg	28.90	28.10	22.60	625.96	18090.24	17589.48	14146.70
Dortmund	34.10	36.80	38.45	745.70	25428.37	27441.76	28672.17
Bergkamen	54.30	53.90	41.27	334.48	18162.26	18028.47	13803.99
Datteln	33.40	32.80	27.95	191.00	6379.40	6264.80	5338.45
Voerde/Emmelsum	46.50	45.60	55.64	254.13	11817.05	11588.33	14139.79
总计	218.60	220.50	243.68	3368.75	82696.13	83981.91	83710.56

附录 B.18 鲁尔区二次物流的运输距离（实际现状：运输距离和运输质量）

配送区域1				配送区域2			
从Gelsenkirchen	km	百万L	百万L·km	从Essen	km	百万L	百万L·km
Bochum	20.30	251.62	5107.89	Bottrop	10.60	80.72	855.63
Gladbeck	15.30	45.35	693.86	Hattingen	27.90	39.41	1099.54
Haltern	38.30	29.12	1115.30	Essen	7.90	357.81	2826.70
Recklinghausen	21.50	75.92	1632.28				
Herten	13.20	43.02	567.86				
Marl	20.80	56.50	1175.20				
Herne	13.90	92.18	1281.30				
Gelsenkirchen	4.50	153.19	689.36				
总计	147.80	746.90	12263.04	总计	46.40	477.94	4781.87
配送区域3				配送区域4			
从Duisburg	km	百万L	百万L·km	从Dortmund	km	百万L	百万L·km
Moers	12.20	75.22	917.68	Herdecke	25.80	18.10	466.98
Mülheim	14.10	113.26	1596.97	Breckerfeld	47.90	8.55	409.55
Oberhausen	14.10	131.76	1857.82	Ennepetal	44.40	26.09	1158.40

配送区域3				配送区域4			
Kamp–Lintfort	20.30	26.37	535.31	Gevelsberg	39.70	23.56	935.33
Rheinberg	19.00	24.51	465.69	Hagen	28.10	122.92	3454.05
Neukirchen–Vluyn	19.50	20.19	393.71	Holzwickede	17.30	14.48	250.50
Duisburg	4.70	285.53	1341.99	Schwert	16.70	34.16	570.47
				Unna	22.10	45.36	1002.46
				Wetter	26.60	22.38	595.31
				Witten	19.60	66.19	1297.32
				Dortmund	3.80	339.90	1291.62
				Schwelm	45.60	20.54	936.62
				Sprockhövel	37.30	22.46	837.76
总计	103.90	676.84	7109.16	总计	374.90	764.69	13206.37
配送区域5				配送区域6			
从Hamm	km	百万L	百万L·km	从Hünxe	km	百万L	百万L·km
Bönen	22.80	14.48	330.14	Alpen	21.00	15.00	315.00
Fröndenberg	38.70	17.58	680.35	Dinslaken	10.00	48.13	481.30
Hamm	11.80	117.40	1385.32	Dorsten	21.40	60.68	1298.55
				Hamminkeln	23.40	27.70	648.18
				Schermbeck	18.30	14.54	266.08
				Voerde	6.80	27.11	184.35
				Wesel	12.90	45.94	592.63
				Xanten	25.20	16.40	413.28
				Sonsbeck	28.80	8.57	246.82
				Hünxe	4.90	14.40	70.56
Summe	73.30	149.46	2395.81	Summe	172.70	278.47	4516.74

配送区域7			
从Lünen	km	百万L	百万L·km
Bergkamen	11.80	31.95	377.01
Castrop–Rauxel	22.10	48.83	1079.14
Datteln	16.60	24.67	409.52
Kamen	18.20	29.41	535.26

配送区域7			
Oer–Erkenschwick	26.70	18.74	500.36
Selm	12.50	20.58	257.25
Waltrop	11.70	21.97	257.05
Werne	14.30	24.35	348.21
Lünen	4.20	53.95	226.59
Summe	138.10	274.45	3990.39

运输距离总计：1057.10km

百万L·km总计：48263.39百万L·km

附录 B.19　鲁尔区二次物流的运输距离（优化后运输状态：被优化后油库的运输距离和运输质量）

配送区域1				配送区域2			
从Gelsenkirchen	km	百万L	百万L·km	从Dortmund	km	百万L	百万L·km
Bochum	20.30	251.62	5107.89	Breckerfeld	47.90	8.55	409.55
Bottrop	13.70	80.72	1105.86	Ennepetal	44.40	26.09	1158.40
Gelsenkirchen	4.50	153.19	689.36	Gevelsberg	39.70	23.56	935.33
Essen	15.00	357.81	5367.15	Hagen	28.10	122.92	3454.05
Gladbeck	15.30	45.35	693.86	Herdecke	25.80	18.10	466.98
Hattingen	21.70	39.41	855.20	Holzwickede	17.30	14.48	250.50
Herne	13.90	92.18	1281.30	Schwelm	45.60	20.54	936.62
Herten	13.20	43.02	567.86	Schwerte	16.70	34.16	570.47
Sprockhövel	39.30	22.46	882.68	Wetter	26.60	22.38	595.31
				Witten	19.60	66.19	1297.32
				Dortmund	3.80	339.90	1291.62
				Castrop–Rauxel	11.10	48.83	542.01
总计	156.90	1085.76	16551.15	总计	326.60	745.70	11908.17
配送区域3				配送区域4			
从Voerde	km	百万L	百万L·km	从Bergkamen	km	百万L	百万L·km
Wesel	9.40	45.94	431.84	Bönen	16.30	14.48	236.02
Hamminkeln	17.20	27.70	476.44	Fröndenberg	29.50	17.58	518.61

配送区域3				配送区域4			
Xanten	21.90	16.40	359.16	Hamm	14.60	117.40	1714.04
Hünxe	13.60	14.40	195.84	Kamen	12.20	29.41	358.80
Sonsbeck	25.60	8.57	219.39	Unna	15.10	45.36	684.94
Alpen	17.80	15.00	267.00	Werne	4.80	24.35	116.88
Voerde	8.10	27.11	219.59	Bergkamen	4.70	31.95	150.17
Dinslaken	13.30	48.13	640.13	Lünen	12.60	53.95	679.77
Rheinberg	22.50	24.51	551.48				
Kamp–Lintfort	27.80	26.37	733.09				
总计	177.20	254.13	4093.95	总计	109.80	334.48	4459.23

配送区域5				配送区域6			
从Datteln	km	百万L	百万L·km	从Duisburg	km	百万L	百万L·km
Haltern	21.10	29.12	614.43	Moers	12.20	75.22	917.68
Oer–Erkenschwick	9.40	18.74	176.16	Mülheim	14.10	113.26	1596.97
Selm	13.20	20.58	271.66	Oberhausen	14.10	131.76	1857.82
Waltrop	6.20	21.97	136.21	Duisburg	4.70	285.53	1341.99
Datteln	1.90	24.67	46.87	Neukirchen–Vluyn	19.50	20.19	393.71
Recklinghausen	13.70	75.92	1040.10				
总计	65.50	191.00	2285.44	总计	64.60	625.96	6108.16

配送区域7			
从Dorsten	km	百万L	百万L·km
Mal	10.30	56.50	581.95
Schermbeck	8.30	14.54	120.68
Dorsten	0.00	60.68	0.00
总计	18.60	131.72	702.63

运输距离总计：742.00km

百万L·km总计：42014.78百万L·km

附录 B.20 汉诺威地区一次物流的运输距离（实际现状：运输距离和运输质量）

实际油库	km			百万L	百万L·km		
	汽车	火车	油船	权重	汽车	火车	油船
Hamburg	0.00	0.00	0.00	0.00	0.00	0.00	0.00

实际油库	km			百万L	百万L·km		
	汽车	火车	油船	权重	汽车	火车	油船
Hannover（Süd）Lindener Hafen	152.00	198.00	242.86	430.99	65510.48	85336.02	104670.23
Hannover（Nord）Nordhafen	143.00	190.00	236.89	235.27	33643.61	44701.30	55733.11
Seelze	148.00	183.00	237.98	86.04	12733.92	15745.32	20475.80
总计	443.00	571.00	717.73	752.30	111888.01	145782.64	180879.14

附录 B.21 汉诺威地区一次物流的运输距离（优化后运输状态：被优化后油库的运输距离和运输质量）

实际油库	km			百万L	百万L·km		
	汽车	火车	油船	权重	汽车	火车	油船
Hamburg	0.00	0.00	0.00		0.00	0.00	0.00
Hannover Brink Hafen	140.00	191.00	230.8	465.93	65230.20	88992.63	107536.64
Misburg Hafen	150.00	183.00	222.99	147.45	22117.50	26983.35	32879.88
Wunstorf Kolenfeld Hafen	159.00	196.00	248.71	138.92	22088.28	27228.32	34550.79
总计	449.00	570.00	702.50	752.30	109435.98	143204.30	174967.31

附录 B.22 汉诺威地区二次物流的配送距离（实际现状：运输距离和运输质量）

配送区域1				配送区域2			
从Hannover Lindener Hafen	km	百万L	百万L·km	从Hannover Nordhafen	km	百万L	百万L·km
Hannover	6.00	274.59	1647.54	Garbsen	6.70	41.94	281.00
Ronnenberg	9.80	17.59	172.38	Isernhagen	17.00	23.23	394.91
Lehrte	26.40	32.04	845.86	Langenhagen	10.40	46.73	485.99
Sehnde	27.00	17.44	470.88	Neustadt	20.00	38.84	776.80
Hemmingen	8.70	14.75	128.33	Wedemark	17.80	26.79	476.86
Laatzen	18.50	24.84	459.54	Burgdorf	34.60	20.64	714.14

配送区域1				配送区域2			
Pattensen	15.40	15.39	237.01	Burgwedel	32.20	18.56	597.63
Springe	28.70	23.68	679.62	Uetze	52.30	18.54	969.64
Wennigsen	16.70	10.67	178.19				
总计	157.20	430.99	4819.33	总计	191.00	235.27	4696.98

配送区域3			
从Seelze Hafen	km	百万L	百万L·km
Barsinghausen	19.50	24.03	468.59
Seelze	3.70	20.31	75.15
Wunstorf	16.80	30.69	515.59
Gehrden	11.60	11.01	127.72
总计	51.60	86.04	1187.04

运输距离总计：399.80km

百万L·km总计：10703.35百万L·km

附录 B.23　汉诺威地区二次物流的配送距离（优化后运输状态：被优化后油库的运输距离和运输质量）

配送区域1				配送区域2			
从Hannover Brink Hafen	km	百万L	百万L·km	从Misburg Hafen	km	百万L	百万L·km
Garbsen	11.20	41.94	469.73	Burgdorf	21.60	20.64	445.82
Hannover	5.80	274.59	1592.62	Burgwedel	22.50	18.56	417.60
Hemmingen	14.90	14.75	219.78	Laatzen	15.20	24.84	377.57
Isernhagen	10.80	23.23	250.88	Lehrte	11.70	32.04	374.87
Langenhagen	4.60	46.73	214.96	Pattensen	20.60	15.39	317.03
Ronnenberg	19.40	17.59	341.25	Sehnde	13.20	17.44	230.21
Seelze	13.00	20.31	264.03	Uetze	37.30	18.54	691.54
Wedemark	14.10	26.79	377.74				
总计	93.80	465.93	3730.98	总计	142.10	147.45	2854.64

配送区域3			
从Wunstorf Hafen	km	百万L	百万L·km
Barsinghausen	14.60	24.03	350.84

续表

配送区域3			
Gehrden	20.70	11.01	227.91
Neustadt	16.10	38.84	625.32
Springe	38.50	23.68	911.68
Wennigsen	21.60	10.67	230.47
Wunsttorf	3.00	30.69	92.07
总计	114.50	138.92	2438.29

运输距离总计：350.40km

百万L·km总计：9023.92百万L·km

附录 B.24 鲁尔区物流运输距离

百万 L·km	一次物流（汽车）		节省		一次物流（火车）		节省		一次物流（油船）		节省	
	实际状况	优化后	距离/km	比例	实际状况	优化后	距离/km	比例	实际状况	优化后	距离/km	比例
一次物流	83921.82	82696.13	1225.69	1.46%	93836.11	83981.91	11662.67	10.50%	85000.57	83710.56	1290.01	1.52%
二次物流	48263.39	42014.78	6248.61	12.95%	48263.39	42014.78	6248.61	12.95%	48263.39	42014.78	6248.61	12.95%
总计	132185.20	124710.91	7474.30	5.65%	142099.50	125996.69	16102.81	11.33%	133263.95	125725.34	7538.62	5.66%

附录 B.25 汉诺威地区物流运输距离

百万 L·km	一次物流（汽车）		节省		一次物流（火车）		节省		一次物流（油船）		节省	
	实际状况	优化后	距离/km	比例	实际状况	优化后	距离/km	比例	实际状况	优化后	距离/km	比例
一次物流	111888.01	109435.98	2452.03	2.19%	145782.64	143204.30	2578.34	1.77%	180879.14	174967.31	5911.83	3.27%
二次物流	10703.35	9023.92	1679.44	15.69%	10703.35	9023.92	1679.44	15.69%	10703.35	9023.92	1679.44	15.69%
总计	122591.36	118459.90	4131.47	3.37%	156485.99	152228.22	4257.78	2.72%	191582.49	183991.23	7591.27	3.96%

附录 B.26 鲁尔区运输成本 / 欧元

汽油	一次物流（汽车）		节省		一次物流（火车）		节省		一次物流（油船）		节省	
	实际现状	优化后	成本	比例	实际现状	优化后	成本	比例	实际现状	优化后	成本	比例
一次物流	9120623.29	8987415.52	133207.77	1.46%	11438997.64	10237731.00	1201266.64	10.50%	1763591.74	1736826.66	26765.08	1.52%
二次物流	5245264.68	4566165.96	679098.72	12.95%	5245264.68	4566165.96	679098.72	12.95%	5245264.68	4566165.96	679098.72	12.95%
总计	14365887.97	13553581.48	812306.49	5.65%	16684262.32	14803896.96	1880365.36	11.27%	7008856.42	6302992.63	705863.79	10.07%

平均密度：汽油0.76g/cm³

柴油	一次物流（汽车）		节省		一次物流（火车）		节省		一次物流（油船）		节省	
	实际现状	优化后	成本	比例	实际现状	优化后	成本	比例	实际现状	优化后	成本	比例
一次物流	10200697.10	10051714.72	148982.38	1.46%	12793615.78	11450093.88	1343521.90	10.50%	1972438.13	1942503.50	29934.62	1.52%
二次物流	5866414.45	5106896.14	759518.30	12.95%	5866414.45	5106896.14	759518.30	12.95%	5866414.45	5106896.14	759518.30	12.95%
总计	16067111.55	15158610.87	908500.68	5.65%	18660030.23	16556990.03	2103040.20	11.27%	7838852.57	7049399.65	789452.93	10.07%

平均密度：柴油0.85g/cm³

总计	一次物流（汽车）		节省		一次物流（火车）		节省		一次物流（油船）		节省	
	实际现状	优化后	成本	比例	实际现状	优化后	成本	比例	实际现状	优化后	成本	比例
一次物流	19321320.39	19039130.24	282190.15	1.46%	24232613.42	21687824.88	2544788.54	10.50%	3736029.86	3679330.16	56699.70	1.52%
二次物流	11111679.13	9673062.11	1438617.02	12.95%	11111679.13	9673062.11	1438617.02	12.95%	11111679.13	9673062.11	1438617.02	12.95%
总计	30432999.52	28712192.35	1720807.17	5.65%	35344292.55	31360886.99	3983405.56	11.27%	14847708.99	13352392.27	1495316.72	10.07%

汽车：14.3欧分/（t·km）
火车：16.4欧分/（t·km）
油船：2.73欧分/（t·km）

附录 B.27　汉诺威地区运输成本/欧元

平均密度：汽油0.76g/cm³

汽油	一次物流（汽车）		节省		一次物流（火车）		节省		一次物流（油船）		节省	
	实际现状	优化后	成本	比例	实际现状	优化后	成本	比例	实际现状	优化后	成本	比例
一次物流	12159988.93	11893502.31	266486.62	2.19%	17771486.95	17457176.99	314309.96	1.77%	3752880.42	3630221.80	122658.61	3.27%
二次物流	1163240.51	980719.30	182521.21	15.69%	1163240.51	980719.30	182521.21	15.69%	1163240.51	980719.30	182521.21	15.69%
总计	13323229.44	12874221.61	449007.83	3.37%	18934727.46	18437896.29	496831.17	2.62%	4916120.93	4610941.10	305179.82	6.21%

平均密度：柴油0.85g/cm³

柴油	一次物流（汽车）		节省		一次物流（火车）		节省		一次物流（油船）		节省	
	实际现状	优化后	成本	比例	实际现状	优化后	成本	比例	实际现状	优化后	成本	比例
一次物流	13599987.62	13301943.37	298044.25	2.19%	19876005.14	19524474.26	351530.88	1.77%	4197300.46	4060116.49	137183.97	3.27%
二次物流	1300992.68	1096857.11	204135.57	15.69%	1300992.68	1096857.11	204135.57	15.69%	1300992.68	1096857.11	204135.57	15.69%
总计	14900980.29	14398800.48	502179.81	3.37%	21176997.82	20621331.37	555666.44	2.62%	5498293.14	5156973.60	341319.54	6.21%

总计	一次物流（汽车）		节省		一次物流（火车）		节省		一次物流（油船）		节省	
	实际现状	优化后	成本	比例	实际现状	优化后	成本	比例	实际现状	优化后	成本	比例
一次物流	25759976.54	25195445.68	564530.87	2.19%	37647492.08	36981651.25	665840.83	1.77%	7950180.88	7690338.30	259842.58	3.27%
二次物流	2464233.19	2077576.41	386656.78	15.69%	2464233.19	2077576.41	386656.78	15.69%	2464233.19	2077576.41	386656.78	15.69%
总计	28224209.73	27273022.09	951187.65	3.37%	40111725.28	39059227.66	1052497.62	2.62%	10414414.07	9767914.71	646499.37	6.21%

汽车：14.3欧分/（t·km）
火车：16.4欧分/（t·km）
油船：2.73欧分/（t·km）

附录 B.28 污染物以及 CO_2（鲁尔区）/t

汽油

汽油	一次物流（汽车）		节省		一次物流（火车）		节省		一次物流（油船）		节省	
	实际现状	优化后	排放量	比例	实际现状	优化后	排放量	比例	实际现状	优化后	排放量	比例
一次物流	10460.02	10307.25	152.77	1.46%	3430.65	3070.38	360.27	10.50%	2157.31	2124.57	32.74	1.52%
二次物流	6015.55	5236.72	778.83	12.95%	6015.55	5236.72	778.83	12.95%	6015.55	5236.72	778.83	12.95%
总计	16475.56	15543.97	931.60	5.65%	9446.20	8307.10	1139.10	12.06%	8172.86	7361.30	811.57	9.93%

平均密度：汽油0.76g/cm³

柴油

柴油	一次物流（汽车）		节省		一次物流（火车）		节省		一次物流（油船）		节省	
	实际现状	优化后	排放量	比例	实际现状	优化后	排放量	比例	实际现状	优化后	排放量	比例
一次物流	11698.70	11527.84	170.86	1.46%	3836.49	3433.60	402.89	10.50%	2413.17	2376.54	36.62	1.52%
二次物流	6727.92	5856.86	871.06	12.95%	6727.92	5856.86	871.06	12.95%	6727.92	5856.86	871.06	12.95%
总计	18426.62	17384.70	1041.92	5.65%	10564.41	9290.46	1273.95	12.06%	9141.08	8233.40	907.68	9.93%

平均密度：柴油0.85g/cm³

总计

总计	一次物流（汽车）		节省		一次物流（火车）		节省		一次物流（油船）		节省	
	实际现状	优化后	排放量	比例	实际现状	优化后	排放量	比例	实际现状	优化后	排放量	比例
一次物流	22158.72	21835.09	323.63	1.46%	7267.14	6503.98	763.16	10.50%	4570.48	4501.12	69.36	1.52%
二次物流	12743.46	11093.58	1649.88	12.95%	12743.46	11093.58	1649.88	12.95%	12743.46	11093.58	1649.88	12.95%
总计	34902.18	32928.67	1973.51	5.65%	20010.60	17597.56	2413.04	12.06%	17313.94	15554.70	1719.25	9.93%

汽车：164g/（t·km）
火车：48.1g/（t·km）
油船：33.4g/（t·km）

附录 B.29　污染物以及 CO_2（汉诺威地区）/t

汽油	一次物流（汽车）		节省		一次物流（火车）		节省		一次物流（油船）		节省	
	实际现状	优化后	排放量	比例	实际现状	优化后	排放量	比例	实际现状	优化后	排放量	比例
一次物流	13945.72	13640.10	305.62	2.19%	5329.81	5235.55	94.26	1.77%	4590.71	4440.67	150.04	3.27%
二次物流	1334.07	1124.74	209.33	15.69%	1334.07	1124.74	209.33	15.69%	1334.07	1124.74	209.33	15.69%
总计	15279.79	14764.84	514.95	3.37%	6663.88	6360.29	303.59	4.56%	5924.78	5565.41	359.37	6.07%

平均密度：汽油0.76g/cm³

柴油	一次物流（汽车）		节省		一次物流（火车）		节省		一次物流（油船）		节省	
	实际现状	优化后	排放量	比例	实际现状	优化后	排放量	比例	实际现状	优化后	排放量	比例
一次物流	15597.19	15255.38	341.81	2.19%	5960.32	5854.91	105.42	1.77%	5135.16	4967.32	167.84	3.27%
二次物流	1492.05	1257.93	234.11	15.69%	1492.05	1257.93	234.11	15.69%	1492.05	1257.93	234.11	15.69%
总计	17089.24	16513.31	575.93	3.37%	7452.37	7112.84	339.53	4.56%	6627.21	6225.26	401.95	6.07%

平均密度：柴油0.85g/cm³

总计	一次物流（汽车）		节省		一次物流（火车）		节省		一次物流（油船）		节省	
	实际现状	优化后	排放量	比例	实际现状	优化后	排放量	比例	实际现状	优化后	排放量	比例
一次物流	29542.91	28895.48	647.43	2.19%	11290.14	11090.46	199.68	1.77%	9725.87	9407.99	317.88	3.27%
二次物流	2826.11	2382.68	443.44	15.69%	2826.11	2382.68	443.44	15.69%	2826.11	2382.68	443.44	15.69%
总计	32369.02	31278.15	1090.87	3.37%	14116.25	13473.13	643.12	4.56%	12551.98	11790.67	761.32	6.07%

汽车：164g/（t·km）
火车：48.1g/（t·km）
油船：33.4g/（t·km）

附录 B.30　治理 CO_2 引起的其他费用（鲁尔区）/ 欧元

汽油

汽油	一次物流（汽车）		节省		一次物流（火车）		节省		一次物流（油船）		节省	
	实际现状	优化后	费用	比例	实际现状	优化后	费用	比例	实际现状	优化后	费用	比例
一次物流	299768.74	295390.58	4378.16	1.46%	128367.80	114887.26	13480.55	10.50%	77520.52	76344.03	1176.49	1.52%
二次物流	172396.81	150076.78	22320.03	12.95%	172396.81	150076.78	22320.03	12.95%	172396.81	150076.78	22320.03	12.95%
总计	472165.55	445467.36	26698.19	5.65%	300764.62	264964.04	35800.58	11.90%	249917.33	226420.81	23496.51	9.40%

平均密度：汽油0.76g/cm³

柴油

柴油	一次物流（汽车）		节省		一次物流（火车）		节省		一次物流（油船）		节省	
	实际现状	优化后	费用	比例	实际现状	优化后	费用	比例	实际现状	优化后	费用	比例
一次物流	335267.67	330371.04	4896.62	1.46%	143569.25	128492.33	15076.93	10.50%	86700.58	85384.77	1315.81	1.52%
二次物流	192812.22	167849.03	24963.19	12.95%	192812.22	167849.03	24963.19	12.95%	192812.22	167849.03	24963.19	12.95%
总计	528079.89	498220.08	29859.81	5.65%	336381.48	296341.36	40040.12	11.90%	279512.80	253233.80	26279.00	9.40%

平均密度：柴油0.85g/cm³

总计

总计	一次物流（汽车）		节省		一次物流（火车）		节省		一次物流（油船）		节省	
	实际现状	优化后	费用	比例	实际现状	优化后	费用	比例	实际现状	优化后	费用	比例
一次物流	635036.40	625761.62	9274.78	1.46%	271937.06	243379.58	28557.48	10.50%	164221.09	161728.80	2492.29	1.52%
二次物流	365209.03	317925.82	47283.22	12.95%	365209.03	317925.82	47283.22	12.95%	365209.03	317925.82	47283.22	12.95%
总计	1000245.44	943687.44	56558.00	5.65%	637146.09	561305.40	75840.69	11.90%	529430.13	479654.62	49775.51	9.40%

汽车：0.47欧分/（t·km）
火车：0.18欧分/（t·km）
油船：0.12欧分/（t·km）

附录 B.31　治理 CO_2 引起的其他费用（汉诺威地区）/欧元

汽油

汽油	一次物流（汽车）		节省		一次物流（火车）		节省		一次物流（油船）		节省	
	实际现状	优化后	费用	比例	实际现状	优化后	费用	比例	实际现状	优化后	费用	比例
一次物流	399663.97	390905.32	8758.65	2.19%	199430.65	195903.48	3527.17	1.77%	164961.78	159570.19	5391.59	3.27%
二次物流	38232.38	32233.43	5998.95	15.69%	38232.38	32233.43	5998.95	15.69%	38232.38	32233.43	5998.95	15.69%
总计	437896.35	423138.75	14757.60	3.37%	237663.03	228136.91	9526.12	4.01%	203194.16	191803.62	11390.54	5.61%

平均密度：汽油0.76g/cm³

柴油

柴油	一次物流（汽车）		节省		一次物流（火车）		节省		一次物流（油船）		节省	
	实际现状	优化后	费用	比例	实际现状	优化后	费用	比例	实际现状	优化后	费用	比例
一次物流	446992.60	437196.74	9795.86	2.19%	223047.44	219102.58	3944.86	1.77%	184496.72	178466.66	6030.06	3.27%
二次物流	42759.90	36050.55	6709.35	15.69%	42759.90	36050.55	6709.35	15.69%	42759.90	36050.55	6709.35	15.69%
总计	489752.50	473247.29	16505.21	3.37%	265807.34	255153.13	10654.21	4.01%	227256.62	214517.21	12739.42	5.61%

平均密度：柴油0.85g/cm³

总计

总计	一次物流（汽车）		节省		一次物流（火车）		节省		一次物流（油船）		节省	
	实际现状	优化后	费用	比例	实际现状	优化后	费用	比例	实际现状	优化后	费用	比例
一次物流	846656.57	828102.06	18554.51	2.19%	422478.09	415006.06	7472.03	1.77%	349458.50	338036.85	11421.65	3.27%
二次物流	80992.28	68283.98	12708.30	15.69%	80992.28	68283.98	12708.30	15.69%	80992.28	68283.98	12708.30	15.69%
总计	927648.85	896386.04	31262.81	3.37%	503470.37	483290.04	20180.33	4.01%	430450.78	406320.83	24129.95	5.61%

汽车：0.47欧分/（t·km）
火车：0.18欧分/（t·km）
油船：0.12欧分/（t·km）

附录 B.32 治理事故引起的其他费用（鲁尔区）/欧元

汽油

汽油	一次物流（汽车）		节省		一次物流（火车）		节省		一次物流（油船）		节省	
	实际现状	优化后	费用	比例	实际现状	优化后	费用	比例	实际现状	优化后	费用	比例
一次物流	274256.50	270250.96	4005.55	1.46%	42789.27	38295.75	4493.52	10.50%	19380.13	19086.01	294.12	1.52%
二次物流	157724.74	137304.29	20420.45	12.95%	157724.74	137304.29	20420.45	12.95%	157724.74	137304.29	20420.45	12.95%
总计	431981.25	407555.25	24426.00	5.65%	200514.01	175600.04	24913.97	12.43%	177104.87	156390.30	20714.57	11.70%

平均密度：汽油0.76g/cm³

柴油

柴油	一次物流（汽车）		节省		一次物流（火车）		节省		一次物流（油船）		节省	
	实际现状	优化后	费用	比例	实际现状	优化后	费用	比例	实际现状	优化后	费用	比例
一次物流	306734.25	302254.36	4479.89	1.46%	47856.42	42830.78	5025.64	10.50%	21675.14	21346.19	328.95	1.52%
二次物流	176402.67	153564.01	22838.66	12.95%	176402.67	153564.01	22838.66	12.95%	176402.67	153564.01	22838.66	12.95%
总计	483136.92	455818.37	27318.55	5.65%	224259.09	196394.79	27864.31	12.43%	198077.82	174910.20	23167.61	11.70%

平均密度：柴油0.85g/cm³

总计

总计	一次物流（汽车）		节省		一次物流（火车）		节省		一次物流（油船）		节省	
	实际现状	优化后	费用	比例	实际现状	优化后	费用	比例	实际现状	优化后	费用	比例
一次物流	580990.75	572505.31	8485.44	1.46%	90645.69	81126.53	9519.16	10.50%	41055.27	40432.20	623.07	1.52%
二次物流	334127.41	290868.30	43259.11	12.95%	334127.41	290868.30	43259.11	12.95%	334127.41	290868.30	43259.11	12.95%
总计	915118.17	863373.62	51744.55	5.65%	424773.10	371994.83	52778.27	12.43%	375182.69	331300.50	43882.19	11.70%

汽车：0.43欧分/（t·km）
火车：0.06欧分/（t·km）
油船：0.03欧分/（t·km）

附录 B.33　治理事故引起的其他费用（汉诺威地区）/欧元

汽油	一次物流（汽车）		节省		一次物流（火车）		节省		一次物流（油船）		节省	
	实际现状	优化后	费用	比例	实际现状	优化后	费用	比例	实际现状	优化后	费用	比例
一次物流	365650.02	357636.78	8013.23	2.19%	66476.88	65301.16	1175.72	1.77%	41240.44	39892.55	1347.90	3.27%
二次物流	34978.56	29490.16	5488.40	15.69%	34978.56	29490.16	5488.40	15.69%	34978.56	29490.16	5488.40	15.69%
总计	400628.58	387126.94	13501.63	3.37%	101455.44	94791.32	6664.12	6.57%	76219.00	69382.71	6836.30	8.97%

平均密度：汽油0.76g/cm³

柴油	一次物流（汽车）		节省		一次物流（火车）		节省		一次物流（油船）		节省	
	实际现状	优化后	费用	比例	实际现状	优化后	费用	比例	实际现状	优化后	费用	比例
一次物流	408950.68	399988.51	8962.17	2.19%	74349.15	73034.19	1314.95	1.77%	46124.18	44616.66	1507.52	3.27%
二次物流	39120.76	32982.42	6138.34	15.69%	39120.76	32982.42	6138.34	15.69%	39120.76	32982.42	6138.34	15.69%
总计	448071.44	432970.92	15100.51	3.37%	113469.91	106016.61	7453.30	6.57%	85244.94	77599.08	7645.86	8.97%

平均密度：柴油0.85g/cm³

总计	一次物流（汽车）		节省		一次物流（火车）		节省		一次物流（油船）		节省	
	实际现状	优化后	费用	比例	实际现状	优化后	费用	比例	实际现状	优化后	费用	比例
一次物流	774600.69	757625.29	16975.40	2.19%	140826.03	138335.35	2490.68	1.77%	87364.63	84509.21	2855.41	3.27%
二次物流	74099.32	62472.58	11626.74	15.69%	74099.32	62472.58	11626.74	15.69%	74099.32	62472.58	11626.74	15.69%
总计	848700.01	820097.87	28602.15	3.37%	214925.35	200807.93	14117.42	6.57%	161463.94	146981.79	14482.16	8.97%

汽车：0.43欧分/（t·km）
火车：0.06欧分/（t·km）
油船：0.03欧分/（t·km）

附录 B.34 治理交通噪声污染引起的其他费用（鲁尔区）/欧元

汽油

汽油	一次物流（汽车）		节省		一次物流（火车）		节省		一次物流（油船）		节省	
	实际现状	优化后	费用	比例	实际现状	优化后	费用	比例	实际现状	优化后	费用	比例
一次物流	503866.60	496507.57	7359.03	1.46%	599988.11	536980.35	63007.77	10.50%	0.00	0.00	0.00	0
二次物流	289773.36	252256.72	37516.64	12.95%	289773.36	252256.72	37516.64	12.95%	289773.36	252256.72	37516.64	12.95%
总计	793639.96	748764.29	44875.67	5.65%	889761.48	789237.07	100524.41	11.30%	289773.36	252256.72	37516.64	12.95%

平均密度：汽油0.76g/cm³

柴油

柴油	一次物流（汽车）		节省		一次物流（火车）		节省		一次物流（油船）		节省	
	实际现状	优化后	费用	比例	实际现状	优化后	费用	比例	实际现状	优化后	费用	比例
一次物流	647456.83	638000.65	9456.18	1.46%	669989.85	599630.85	70359.00	10.50%	0.00	0.00	0.00	0
二次物流	372352.02	324144.00	48208.01	12.95%	372352.02	324144.00	48208.01	12.95%	372352.02	324144.00	48208.01	12.95%
总计	1019808.85	962144.66	57664.19	5.65%	1042341.87	923774.86	118567.01	11.38%	372352.02	324144.00	48208.01	12.95%

平均密度：柴油0.85g/cm³

总计

总计	一次物流（汽车）		节省		一次物流（火车）		节省		一次物流（油船）		节省	
	实际现状	优化后	费用	比例	实际现状	优化后	费用	比例	实际现状	优化后	费用	比例
一次物流	1151323.43	1134508.22	16815.21	1.46%	1269977.97	1136611.20	133366.77	10.50%	0.00	0.00	0.00	0
二次物流	662125.38	576400.73	85724.65	12.95%	662125.38	576400.73	85724.65	12.95%	662125.38	576400.73	85724.65	12.95%
总计	1813448.81	1710908.95	102539.87	5.65%	1932103.35	1713011.92	219091.42	11.34%	662125.38	576400.73	85724.65	12.95%

汽车：0.79欧分/（t·km）
火车：0.84欧分/（t·km）
油船：0欧分/（t·km）

附录 B.35 治理交通噪声污染引起的其他费用（汉诺威地区）/欧元

汽油

汽油	一次物流（汽车）		节省		一次物流（火车）		节省		一次物流（油船）		节省	
	实际现状	优化后	费用	比例	实际现状	优化后	费用	比例	实际现状	优化后	费用	比例
一次物流	671775.61	657053.62	14721.99	2.19%	932134.20	915648.29	16485.91	1.77%	0.00	0.00	0.00	0.00%
二次物流	64262.94	54179.60	10083.34	15.69%	64262.94	54179.60	10083.34	15.69%	64262.94	54179.60	10083.34	15.69%
总计	736038.55	711233.22	24805.33	3.37%	996397.14	969827.89	26569.25	2.67%	64262.94	54179.60	10083.34	15.69%

平均密度：汽油0.76g/cm³

柴油

柴油	一次物流（汽车）		节省		一次物流（火车）		节省		一次物流（油船）		节省	
	实际现状	优化后	费用	比例	实际现状	优化后	费用	比例	实际现状	优化后	费用	比例
一次物流	863216.00	844298.59	18917.41	2.19%	1040888.05	1022478.70	18409.35	1.77%	0.00	0.00	0.00	0.00%
二次物流	82576.38	69619.52	12956.86	15.69%	82576.38	69619.52	12956.86	15.69%	82576.38	69619.52	12956.86	15.69%
总计	945792.37	913918.11	31874.27	3.37%	1123464.43	1092098.22	31366.20	2.79%	82576.38	69619.52	12956.86	15.69%

平均密度：柴油0.85g/cm³

总计

总计	一次物流（汽车）		节省		一次物流（火车）		节省		一次物流（油船）		节省	
	实际现状	优化后	费用	比例	实际现状	优化后	费用	比例	实际现状	优化后	费用	比例
一次物流	1534991.61	1501352.21	33639.40	2.19%	1973022.25	1938127.00	34895.25	1.77%	0.00	0.00	0.00	0.00%
二次物流	146839.31	123799.12	23040.20	15.69%	146839.31	123799.12	23040.20	15.69%	146839.31	123799.12	23040.20	15.69%
总计	1681830.92	1625151.33	56679.60	3.37%	2119861.56	2061926.11	57935.45	2.73%	146839.31	123799.12	23040.20	15.69%

汽车：0.79欧分/（t·km）
火车：0.84欧分/（t·km）
油船：0欧分/（t·km）

173

附录 B.36 治理交通空气污染引起的其他费用（鲁尔区）/欧元

汽油

汽油	一次物流（汽车）				一次物流（火车）				一次物流（油船）			
	实际现状	优化后	节省 费用	节省 比例	实际现状	优化后	节省 费用	节省 比例	实际现状	优化后	节省 费用	节省 比例
一次物流	204097.86	201116.99	2980.87	1.46%	35657.72	31913.13	3744.60	10.50%	77520.52	76344.03	1176.49	1.52%
二次物流	117376.55	102179.94	15196.61	12.95%	117376.55	102179.94	15196.61	12.95%	117376.55	102179.94	15196.61	12.95%
总计	321474.42	303296.93	18177.49	5.65%	153034.28	134093.06	18941.21	12.38%	194897.07	178523.97	16373.10	8.40%

平均密度：汽油0.76g/cm³

柴油

柴油	一次物流（汽车）				一次物流（火车）				一次物流（油船）			
	实际现状	优化后	节省 费用	节省 比例	实际现状	优化后	节省 费用	节省 比例	实际现状	优化后	节省 费用	节省 比例
一次物流	228267.35	224933.48	3333.87	1.46%	39880.35	35692.31	4188.04	10.50%	86700.58	85384.77	1315.81	1.52%
二次物流	131276.41	114280.19	16996.21	12.95%	131276.41	114280.19	16996.21	12.95%	131276.41	114280.19	16996.21	12.95%
总计	359543.75	339213.67	20330.09	5.65%	171156.76	149972.51	21184.25	12.38%	217976.98	199664.96	18312.02	8.40%

平均密度：柴油0.85g/cm³

总计

总计	一次物流（汽车）				一次物流（火车）				一次物流（油船）			
	实际现状	优化后	节省 费用	节省 比例	实际现状	优化后	节省 费用	节省 比例	实际现状	优化后	节省 费用	节省 比例
一次物流	432365.21	426050.47	6314.74	1.46%	75538.07	67605.44	7932.63	10.50%	164221.09	161728.80	2492.29	1.52%
二次物流	248652.96	216460.13	32192.83	12.95%	248652.96	216460.13	32192.83	12.95%	248652.96	216460.13	32192.83	12.95%
总计	681018.17	642510.60	38507.57	5.65%	324191.03	284065.57	40125.46	12.38%	412874.05	378188.93	34685.12	8.40%

汽车：0.32欧分/（t·km）
火车：0.05欧分/（t·km）
油船：0.12欧分/（t·km）

附录 B.37　治理交通空气污染引起的其他费用（汉诺威地区）/欧元

汽油

汽油	一次物流（汽车）		节省		一次物流（火车）		节省		一次物流（油船）		节省	
	实际现状	优化后	费用	比例	实际现状	优化后	费用	比例	实际现状	优化后	费用	比例
一次物流	272111.64	266148.30	5963.34	2.19%	55397.40	54417.63	979.77	1.77%	164961.78	159570.19	5391.59	3.27%
二次物流	26030.56	21946.17	4084.39	15.69%	26030.56	21946.17	4084.39	15.69%	26030.56	21946.17	4084.39	15.69%
总计	298142.20	288094.47	10047.73	3.37%	81427.96	76363.80	5064.16	6.22%	190992.33	181516.36	9475.98	4.96%

平均密度：汽油0.76g/cm³

柴油

柴油	一次物流（汽车）		节省		一次物流（火车）		节省		一次物流（油船）		节省	
	实际现状	优化后	费用	比例	实际现状	优化后	费用	比例	实际现状	优化后	费用	比例
一次物流	304335.39	297665.87	6669.52	2.19%	61957.62	60861.83	1095.79	1.77%	184496.72	178466.66	6030.06	3.27%
二次物流	29113.12	24545.05	4568.07	15.69%	29113.12	24545.05	4568.07	15.69%	29113.12	24545.05	4568.07	15.69%
总计	333448.51	322210.92	11237.59	3.37%	91070.74	85406.88	5663.86	6.22%	213609.85	203011.71	10598.13	4.96%

平均密度：柴油0.85g/cm³

总计

总计	一次物流（汽车）		节省		一次物流（火车）		节省		一次物流（油船）		节省	
	实际现状	优化后	费用	比例	实际现状	优化后	费用	比例	实际现状	优化后	费用	比例
一次物流	576447.03	563814.17	12632.86	2.19%	117355.03	115279.46	2075.56	1.77%	349458.50	338036.85	11421.65	3.27%
二次物流	55143.68	46491.22	8652.46	15.69%	55143.68	46491.22	8652.46	15.69%	55143.68	46491.22	8652.46	15.69%
总计	631590.71	610305.39	21285.32	3.37%	172498.71	161770.68	10728.02	6.22%	404602.18	384528.07	20074.11	4.96%

汽车：0.32欧分/（t·km）
火车：0.05欧分/（t·km）
油船：0.12欧分/（t·km）

附录 B.38 耗能（鲁尔区）/kJ

汽油

汽油	一次物流（汽车）		节省		一次物流（火车）		节省		一次物流（油船）		节省	
	实际现状	优化后	耗能	比例	实际现状	优化后	费用	比例	实际现状	优化后	费用	比例
一次物流	58678.14	57821.13	857.00	1.46%	30665.64	27445.29	3220.35	10.50%	14858.10	14632.61	225.49	1.52%
二次物流	33745.76	29376.73	4369.03	12.95%	33745.76	29376.73	4369.03	12.95%	33745.76	29376.73	4369.03	12.95%
总计	92423.89	87197.87	5226.03	5.65%	64411.40	56822.02	7589.38	11.78%	48603.86	44009.34	4594.52	9.45%

平均密度：汽油0.76g/cm³

柴油

柴油	一次物流（汽车）		节省		一次物流（火车）		节省		一次物流（油船）		节省	
	实际现状	优化后	耗能	比例	实际现状	优化后	费用	比例	实际现状	优化后	费用	比例
一次物流	65626.86	64668.37	958.49	1.46%	34297.10	30695.39	3601.71	10.50%	16617.61	16365.41	252.20	1.52%
二次物流	37741.97	32855.56	4886.41	12.95%	37741.97	32855.56	4886.41	12.95%	37741.97	32855.56	4886.41	12.95%
总计	103368.83	97523.93	5844.90	5.65%	72039.07	63550.94	8488.12	11.78%	54359.58	49220.97	5138.61	9.45%

平均密度：柴油0.85g/cm³

总计

总计	一次物流（汽车）		节省		一次物流（火车）		节省		一次物流（油船）		节省	
	实际现状	优化后	费用	比例	实际现状	优化后	费用	比例	实际现状	优化后	费用	比例
一次物流	124305.00	122489.51	1815.49	1.46%	64962.74	58140.68	6822.06	10.50%	31475.71	30098.02	477.69	1.52%
二次物流	71487.73	62232.29	9255.44	12.95%	71487.73	62232.29	9255.44	12.95%	71487.73	62232.29	9255.44	12.95%
总计	195792.72	184721.80	11070.93	5.65%	136450.47	120372.97	16077.50	11.78%	102963.44	93230.31	9733.13	9.45%

汽车：0.92J/（t·km）
火车：0.43J/（t·km）
油船：0.23J/（t·km）

附录 B.39 耗能（汉诺威地区）/kJ

汽油	一次物流（汽车）		节省		一次物流（火车）		节省		一次物流（油船）		节省	
	实际现状	优化后	耗能	比例	实际现状	优化后	费用	比例	实际现状	优化后	费用	比例
一次物流	78232.10	76517.64	1714.46	2.19%	47641.77	46799.17	842.60	1.77%	31617.67	30584.29	1033.39	3.27%
二次物流	7483.79	6309.52	1174.26	15.69%	7483.79	6309.52	1174.26	15.69%	7483.79	6309.52	1174.26	15.69%
总计	85715.88	82827.16	2888.72	3.37%	55125.55	53108.69	2016.86	3.66%	39101.46	36893.81	2207.65	5.65%

平均密度：汽油0.76g/cm³

柴油	一次物流（汽车）		节省		一次物流（火车）		节省		一次物流（油船）		节省	
	实际现状	优化后	耗能	比例	实际现状	优化后	费用	比例	实际现状	优化后	费用	比例
一次物流	87496.42	85578.94	1917.49	2.19%	53283.55	52341.17	942.38	1.77%	35361.87	34206.11	1155.76	3.27%
二次物流	8370.02	7056.70	1313.32	15.69%	8370.02	7056.70	1313.32	15.69%	8370.02	7056.70	1313.32	15.69%
总计	95866.45	92635.64	3230.81	3.37%	61653.58	59397.87	2255.70	3.66%	43731.89	41262.81	2469.08	5.65%

平均密度：柴油0.85g/cm³

总计	一次物流（汽车）		节省		一次物流（火车）		节省		一次物流（油船）		节省	
	实际现状	优化后	耗能	比例	实际现状	优化后	费用	比例	实际现状	优化后	费用	比例
一次物流	165728.52	162096.57	3631.95	2.19%	100925.32	99140.34	1784.98	1.77%	66979.55	64790.40	2189.15	3.27%
二次物流	15853.81	13366.23	2487.58	15.69%	15853.81	13366.23	2487.58	15.69%	15853.81	13366.23	2487.58	15.69%
总计	181582.33	175462.80	6119.53	3.37%	116779.13	112506.56	4272.57	3.66%	82833.35	78156.62	4676.73	5.65%

汽车：0.92l/（t·km）
火车：0.43l/（t·km）
油船：0.23l/（t·km）

附录 B.40　鲁尔区物流运输的其他成本（CO_2、交通事故、噪声污染、污染排放物）/欧元

	一次物流（汽车）		节省		一次物流（火车）		节省		一次物流（油船）		节省	
	实际现状	优化后	成本	比例	实际现状	优化后	成本	比例	实际现状	优化后	成本	比例
一次物流	2799715.80	2758825.63	40890.18	1.46%	1708098.78	1528722.74	179376.04	10.50%	369497.46	363889.80	5607.66	1.52%
二次物流	1610114.79	1401654.98	208459.81	12.95%	1610114.79	1401654.98	208459.81	12.95%	1610114.79	1401654.98	208459.81	12.95%
总计	4409830.59	4160480.60	249349.99	5.65%	3318213.57	2930377.72	387835.85	11.69%	1979612.25	1765544.77	214067.47	10.81%

附录 B.41　汉诺威地区物流运输的其他成本（CO_2、交通事故、噪声污染、污染排放物）/欧元

	一次物流（汽车）		节省		一次物流（火车）		节省		一次物流（油船）		节省	
	实际现状	优化后	成本	比例	实际现状	优化后	成本	比例	实际现状	优化后	成本	比例
一次物流	3732695.90	3650893.73	81802.17	2.19%	2653681.40	2606747.87	46933.52	1.77%	786281.63	760582.91	25698.72	3.27%
二次物流	357074.59	301046.90	56027.70	15.69%	357074.59	301046.90	56027.70	15.69%	357074.59	301046.90	56027.70	15.69%
总计	4089770.49	3951940.62	137829.87	3.37%	3010755.99	2907794.77	102961.22	3.42%	1143356.22	1061629.80	81726.41	7.15%

附录 B.42　鲁尔区物流运输的总成本 / 欧元

	一次物流（汽车）		节省		一次物流（火车）		节省		一次物流（油船）		节省	
	实际现状	优化后	成本	比例	实际现状	优化后	成本	比例	实际现状	优化后	成本	比例
一次物流	22121036.19	21797955.87	323080.33	1.46%	25940712.21	23216547.63	2724164.58	10.50%	4105527.32	4043219.96	62307.36	1.52%
二次物流	12721793.92	11074717.08	1647076.83	12.95%	12721793.92	11074717.08	1647076.83	12.95%	12721793.92	11074717.08	1647076.83	12.95%
总计	34842830.11	32872672.95	1970157.16	5.65%	38662506.12	34291264.71	4371241.41	11.31%	16827321.24	15117937.05	1709384.19	10.16%

附录 B.43　汉诺威地区物流运输的总成本 / 欧元

	一次物流（汽车）		节省		一次物流（火车）		节省		一次物流（油船）		节省	
	实际现状	优化后	成本	比例	实际现状	优化后	成本	比例	实际现状	优化后	成本	比例
一次物流	29492672.44	28846339.40	646333.04	2.19%	40301173.48	39588399.12	712774.36	1.77%	8736462.51	8450921.20	285541.30	3.27%
二次物流	2821307.78	2378623.31	442684.48	15.69%	2821307.78	2378623.31	442684.48	15.69%	2821307.78	2378623.31	442684.48	15.69%
总计	32313980.23	31224962.71	1089017.52	3.37%	43122481.26	41967022.43	1155458.84	2.68%	11557770.29	10829544.51	728225.78	6.30%

附录 B.44　鲁尔区和汉诺威地区港口实际卸载工具／器械数量

鲁尔区	油船实际状况	Gelsenkirchen 7	Duisburg[1] 11	Dortmund[1] 2	Lünen[1] 2	Hamm[1] 4	Essen[1] 2	Hünxe[1] 2
	油船优化后	Gelsenkirchen 7	Duisburg[1] 11	Dortmund[1] 2	Datteln[1] 2	Bergkamen[1] 4	Dorsten[1] 2	Voerde[1] 2
汉诺威地区	油船实际状况	Hamburg 3[2]	Hannover（Süd）Lindener Hafen 1	Hannover（Nord）Nordhafen 1	Seelze 1			
	油船优化后	Hamburg 3[2]	Hannover Brink Hafen 1	Misburg Hafen 1	Wunstorf 1			

1　为了让仿真结果的准确率达到最大，鲁尔区和汉诺威地区港口卸载工具/器械数量（优化前和优化后）按照实际状况进行设置。
2　由于Hamburg炼油厂（Wihelmsburg）的装在卸载装置过多，所以在模型中其卸载装置将按照汉诺威地区实际卸载装置数量而定（否则会导致到港的油船不能被及时卸载）。

附录 B.45　鲁尔区和汉诺威地区一次物流配送港口城镇的序号代码

		101	102	103	104	105	106
鲁尔区	实际状况	Duisburg	Dortmund	Lünen	Hamm	Essen	Hünxe
	优化后	Duisburg	Dortmund	Bergkamen	Datteln	Dorsten	Voerde
汉诺威地区	实际状况	Hannover（Süd）Linden	Hannover（Nord）Nordhafen	Seelze			
	优化后	Hannover Brink	Misburg	Wunstorf			

附录 B.46　鲁尔区一次物流运输距离（油船从炼油厂至实际油库位置）

单位：km

油库	从港口/运河/距离	分支距离	流入运河/河流	流入距离	分支距离	流入运河	流入距离	到达	港口	运河	位置
Duisburg	GE/ Ruhr Oel/ RHK/22.60	—	—	—	—	—	—	Duisburg	Duisport	RHK	0.00
Dortmund	GE/ Ruhr Oel/ RHK/22.60	45.60	DEK	15.45	—	—	—	Dortmund	Stadthafen	DEK	0.00
Lünen	GE/ Ruhr Oel/ RHK/22.60	45.60	DEK	15.45	19.52	DHK	0.06	Lünen	Stadt Hafen	DHK	11.40
Hamm	GE/ Ruhr Oel/ RHK/22.60	45.60	DEK	15.45	19.52	DHK	0.06	Hamm	Stadt Hafen	DHK	34.38
Essen	GE/ Ruhr Oel/ RHK/22.60	—	—	—	—	—	—	Essen	Stadt Hafen	RHK	16.10
Hünxe	GE/ Ruhr Oel/ RHK/22.60	0.00	Rhein	780.40	813.24	WDK	0.00	Hünxe	Welmer	WDK	7.33

注：GE：Gelsenkirchen，DEK：Dortmund–Ems–Kanal，RHK：Rhein–Herne–Kanal，WDK：Wesel–Datteln–Kanal，DHK：Datteln–Hamm–Kanal。

附录 B.47 鲁尔区一次物流运输距离（油船从炼油厂至优化后的油库位置）

单位：km

油库	从/港口/运河/距离	分支距离	流入 运河/河流	流入距离	分支距离	流入运河	流入距离	到达	港口	运河	位置
Duisburg	GE/ Ruhr Oel/ RHK/22.60	–	–	–	–	–	–	Duisburg	Duisport	RHK	0.00
Dortmund	GE/ Ruhr Oel/ RHK/22.60	45.60	DEK	15.45	–	–	–	Dortmund	Stadthafen	DEK	0.00
Bergkamen	GE/ Ruhr Oel/ RHK/22.60	45.60	DEK	15.45	19.52	DHK	0.06	Bergkamen	Preußen	DHK	14.26
Datteln	GE/ Ruhr Oel/ RHK/22.60	45.60	DEK	15.45	–	–	–	Datteln	Liegehafen	DEK	20.4
Dorsten	GE/ Ruhr Oel/ RHK/22.60	45.60	DEK	15.45	21.33	WDK	60.23	Dorsten	Ruhrkohle	WDK	28.5
Voerde	GE/ Ruhr Oel/ RHK/22.60	0.00	Rhein	780.40	813.24	WDK	0.00	Voerde	Emmelsum	WDK	0.20

注：GE：Gelsenkirchen，DEK：Dortmund-Ems-Kanal，RHK：Rhein-Herne-Kanal，WDK：Wesel-Datteln-Kanal，DHK：Datteln-Hamm-Kanal。

附录 B.48 鲁尔区汽车二次物流运输距离与城镇代码（实际油库位置）

配送区域1 油库Duisburg	Moers (1)	Mülheim (2)	Oberhausen (3)	Kampf-Lintfort (4)	Rheinberg (5)	Neukirchen-Vluyn (6)	Duisburg (7)
	12.2km	14.1km	14.1km	20.3km	19.0km	19.5km	4.7km
配送区域2 油库Dortmund	Herdecke (8)	Breckerfeld (9)	Ennepetal (10)	Gevelsberg (11)	Hagen (12)	Holzwickede (13)	Schwerte (14)	Unna (15)
	25.8km	47.9km	44.4km	39.7km	28.1km	17.3km	16.7km	22.1km
	Wetter (16)	Witten (17)	Dortmund (18)	Schwelm (19)	Sprockhövel (20)
	26.6km	19.6km	3.8km	45.6km	37.3km

续表

	Bergkamen (21)	Castrop-Rauxel (22)	Datteln (23)	Kamen (24)	Oer-Erkenschwick (25)	Selm (26)	Waltrop (27)	Werne (28)
配送区域3 油库Lünen	11.8km	22.1km	16.6km	18.2km	26.7km	12.5km	11.7km	14.3km
	Lünen (29) 4.2km							
配送区域4 油库Hamm	Bönen (30) 22.8km	Fröndenberg (31) 38.7km	Hamm (32) 11.8km					
配送区域5 油库Essen	Bottrop (33) 10.6km	Hattingen (34) 27.9km	Essen (35) 7.9km					
配送区域6 油库Hünxe	Alpen (36) 21km	Dinslaken (37) 10km	Dorsten (38) 21.4km	Hamminkeln (39) 23.4km	Schermbeck (40) 18.3km	Voerde (41) 6.8km	Wesel (42) 12.9km	Xanten (43) 25.2km
	Sonsbeck (44) 28.8km	Hünxe (45) 4.9km						
配送区域7 Gelsenkirchen	Bochum (46) 20.3km	Gladbeck (47) 15.3km	Haltern (48) 38.3km	Recklinghausen (49) 21.5km	Herten (50) 13.2km	Marl (51) 20.8km	Herne (52) 13.9km	Gelsenkirchen (53) 4.5km

附录 B.49 鲁尔区仿真中的运输工具数量 / 月

配送区域Duisburg

城镇	L	汽车[1]	油船[2]
Moers	6268427	209	
Mülheim	9438211	315	
Oberhausen	10980259	366	
Kamp-Lintfort	2197703	73	
Rheinberg	2042144	68	
Neukirchen-Vluyn	1682633	56	
Duisburg	23794554	793	15.04
总计		1880	

配送区域Dortmund

城镇	L	汽车[1]	油船[2]
Herdecke	1508134	50	
Breckerfeld	712662	24	
Ennepetal	2174046	72	
Gevelsberg	1963101	65	
Hagen	10243607	341	
Holzwickede	1206271	40	
Schwerte	2846535	95	16.98
Unna	3779955	126	
Wetter	1865049	62	
Witten	5515736	184	
Dortmund	28325118	944	
Schwelm	1711799	57	
Sprockhövel	1871832	62	
总计		2122	

配送区域Lünen

城镇	L	汽车[1]	油船[2]
Bergkamen	2662453	89	
Castrop-Rauxel	4069110	136	
Datteln	2055945	69	
Kamen	2450792	82	
Oer-Erkenschwick	1561898	52	
Selm	1714764	57	
Waltrop	1831195	61	6.11
Werne	2028906	68	
Lünen	4495705	150	
总计		764	

配送区域Hamm

城镇	L	汽车[1]	油船[2]
Bönen	1206917	40	
Fröndenberg	1465146	49	
Hamm	9783059	326	
总计		415	3.32

续表

配送区域Essen

城镇	L	汽车[1]	油船[2]
Bottrop	6727018	224	
Hattingen	3284033	109	
Essen	29817847	994	
总计		1327	10.62

配送区域Hünxe

Stadt	L	汽车[1]	油船[2]
Alpen	1250082	42	
Dinslaken	4010881	134	
Dorsten	5056531	169	
Hamminkeln	2308605	77	
Schermbeck	1211591	40	
Voerde	2259451	75	
Wesel	3828361	128	
Xanten	1366491	46	
Sonsbeck	714340	24	
Hünxe	1200217	40	
总计		775	6.20

配送区域Gelsenkirchen

Stadt	L	汽车[1]	油船[2]
Bochum	20967945	699	
Gladbeck	3779546	126	
Haltern	2426407	81	
Recklinghausen	6326313	211	
Herten	3584618	119	
Marl	4708171	157	
Herne	7681473	256	
Gelsenkirchen	12765587	426	
总计		2075	–

备注：

一次物流的运输总量按照标准油船计算3000t（=3726708.07L）（汽油和柴油的平均密度0.805L/cm³）
每辆油罐车（汽车）的平均容量为30,000L
1：所需油罐车配送数量（汽车）
2：所需油船配送数量

附录B.50　鲁尔区汽车二次物流运输距离与城镇代码（优化后的油库位置）

配送区域1油库Duisburg	Moers（1）	Mülheim（2）	Oberhausen（3）	Duisburg（4）	NeukirchenVluyn（5）
	12.2km	14.1km	14.1km	4.7	19.5km

配送区域2油库Dortmund	Breckerfeld（6）	Castrop-Rauxel（7）	Dortmund（8）	Emnepetal（9）	Gevelsberg（10）	Hagen（11）	Herdecke（12）	Holzwickede（13）
	47.9km	11.1km	3.8km	44.4km	39.7km	28.1km	25.8km	17.3km
	Schwelm（14）	Schwerte（15）	Wetter（16）	Witten（17）				
	45.6km	16.7km	26.6km	19.6km				

续表

配送区域3 油库Bergkamen	Bergkamen (18)	Bönen (19)	Fröndenberg (20)	Hamm (21)	Kamen (22)	Lünen (23)	Unna (24)	Werne (25)
	4.7km	16.3km	29.5km	14.6km	12.2km	12.6km	15.1km	4.8
配送区域4 TL.Datteln	Datteln (26)	Haltern (27)	Oer-Erkenschwick (28)	Recklinghausen (29)	Selm (30)	Waltrop (31)		
	1.9	21.1km	9.4km	13.7	13.2	6.2km		
配送区域5 油库Dorsten	Dorsten (32)	Mal (33)	Schembeck (34)					
	0km	10.3km	8.3km					
配送区域6 油库Voerde/Emmelsum	Alpen (35)	Dinslaken (36)	Hamminkeln (37)	Hünxe (38)	Kampf-Lintfort (39)	Rheinberg (40)	Sonsbeck (41)	Voerde (42)
	17.8km	13.3km	17.2km	13.6	27.8	22.5km	25.6km	8.1km
	Wesel (43)	Xanten (44)						
	9.4km	21.9km						
配送区域7 油库Gelsenkirchen	Bochum (45)	Bottrop (46)	Essen (47)	Gelsenkirchen (48)	Gladbeck (49)	Hattingen (50)	Herne (51)	Herten (52)
	20.3km	13.7km	15km	4.5km	15.3km	21.7km	13.9km	13.2km
	Sprockhövel (53)							
	39.3km							

附录 B.51 鲁尔区仿真中的运输工具数量／月

配送区域 Duisburg

城镇	L	汽车[1]	油船[2]
Moers	6268427	209	
Mülheim	9438211	315	
Oberhausen	10980259	366	
Duisburg	23794554	793	
Neukirchen-Vluyn	1682633	56	
总计		1739	13.91

配送区域 Dortmund

城镇	L	汽车[1]	油船[2]
Breckerfeld	712662	24	
Castrop-Rauxel	4069110	136	
Dortmund	28325118	944	
Ennepetal	2174046	72	
Gevelsberg	1963101	65	
Hagen	10243607	341	16.56
Herdecke	1508134	50	
Holzwickede	1206271	40	
Schwelm	1711799	57	
Schwerte	2846535	95	
Wetter	1865049	62	
Witten	5515736	184	
总计		2070	

配送区域 Bergkamen

城镇	L	汽车[1]	油船[2]
Bergkamen	2662453	89	
Bönen	1206917	40	
Fröndenberg	1465146	49	
Hamm	9783059	326	
Kamen	2450792	82	
Lünen	4495705	150	7.44
Unna	3779955	126	
Werne	2028906	68	
总计		930	

配送区域 Datteln

城镇	L	汽车[1]	油船[2]
Datteln	2055945	69	
Haltern	2426407	81	
Oer-Erkeschwick	1561898	52	
Recklinghausen	6326313	211	
Selm	1714764	57	
Waltrop	1831195	61	4.25
总计		531	

续表

配送区域Dorsten				配送区域 Voerde				配送区域Gelsenkirchen				备注
城镇	L	汽车[1]	油船[2]	城镇	L	汽车[1]	油船[2]	城镇	L	汽车[1]	油船[2]	
Dorsten	5056531	169		Alpen	1250082	42		Bochum	20967945	699		一次物流的运输总量按照标准油船计算3000t（=3726708.07L）（汽油和柴油的平均密度0.805L/cm³）每辆油罐车（汽车）的平均容量为30 000L。
Marl	4708171	157		Dinslaken	4010881	134		Bottrop	6727018	224		1：所需油罐车配送数量（汽车）
Schermbeck	1211591	40		Hamminkeln	2308605	77		Essen	29817847	994		2：所需油船配送数量
总计		366	2.93	Hünxe	1200217	40		Gelsenkirchen	12765587	426		
				Kampf-Lintfort	2197703	73		Gladbeck	3779546	126		
				Rheinberg	2042144	68		Hattingen	3284033	109		
				Sonsbeck	714340	24		Herne	7681473	256		
				Voerde	2259451	75		Herten	3584618	119		
				Wesel	3828361	128		Sprockhoevel	1871832	62		
				Xanten	1366491	46		总计		3015	—	
				总计		707	5.66					

附录 B.52　汉诺威地区一次物流运输距离（油船从炼油厂到实际油库位置）

单位：km

油库	从/港口/运河/距离	分支距离	流入运河/河流	流入距离	分支距离	流入运河	流入距离	到达	港口
Hannover（Süd）Lindener Hafen	Hbg./Seehafen/Süderelbe/616	608.5	Elbe	608.5	572.94	Elbe–Seitenkanal	115.18	–	–
	–	0.04	MLK	233.65	149.78	Stichkanal Hannover Linden	0.39	–	–
	–	11.20	–	–	–		–	Hannover	Lindener Hafen
Hannover（Nord）Nordhafen	Hbg./Seehafen/Süderelbe/616	608.5	Elbe	608.5	572.94	Elbe–Seitenkanal	115.18	–	–
	–	0.04	MLK	233.65	154.96	–	–	Hannover	Nordhafen
Hafen Seelze	Hbg./Seehafen/Süderelbe/616	608.5	Elbe	608.5	572.94	Elbe–Seitenkanal	115.18	–	–
	–	0.04	MLK	233.65	149.78	Stichkanal Hannover Linden	0.39	–	–
	–	6.30						Seelze	Hafen Seelze

附录 B.53 鲁尔区一次物流运输距离（油船从炼油厂到优化后的油库位置）

单位：km

油库	从/港口/运河/距离	分支距离	流入 运河/河流	流入距离	分支距离	流入运河	流入距离	到达	港口
Hannover Brink Hafen	Hbg./Seehafen/Süderelbe/616	608.5	Elbe	608.5	572.94	Elbe–Seitenkanal	115.18	–	–
		0.04	MLK	233.65	161.05			Hannover	Brink Hafen
Misburg Hafen	Hbg./Seehafen/Süderelbe/616	608.5	Elbe	608.5	572.94	Elbe–Seitenkanal	115.18	–	–
		0.04	MLK	233.65	171.14	Stichkanal Misburg	0.42	–	–
	–	2.70	–	–	–	–	–	Misburg	Misburg Hafen
Wunstorf Kolenfeld Hafen	Hbg./Seehafen/Süderelbe/616	608.5	Elbe	608.5	572.94	Elbe–Seitenkanal	115.18	–	–
	–	0.04	MLK	233.65	143.14	–	–	Wunstorf	Umschlaghafen Kolenfeld

附录 B.54 鲁尔区汽车二次物流运输距离与城镇代码（实际油库位置）

	Hannover（1）	Ronnenberg（2）	Lehrte（3）	Sehnde（4）	Hemmingen（5）	Laatzen（6）
配送区域1 油库Hannover （Süd） Lindener Hafen	6.00km	9.80km	26.40km	27.00km	8.70km	18.50km
	Pattensen（7）	Springe（8）	Wennigsen（9）			
	15.40km	28.70km	16.70km			
	Garbsen（10）	Isernhagen（11）	Langenhagen（12）	Neustadt（13）	Wedemark（14）	Burgdorf（15）
配送区域2 油库Hannover （Nord） Nordhafen	6.70km	17.00km	10.40km	20.00km	17.80km	34.60km
	Burgwedel（16）	Uetze（17）				
	32.20km	52.30				
配送区域3 油库Seelze Hafen	Barsinghausen （18）	Seelze（19）	Wunstorf（20）	Gehrden（21）		
	19.50km	3.70km	16.80km	11.60km		

附录 B.55 汉诺威地区仿真中的运输工具数量/月

配送区域 Hannover（Süd）Lindener Hafen

城镇	L	汽车[1]	油船[2]
Hannover	22882158.85	763	
Ronnenberg	1466177.384	49	
Lehrte	2670117.566	89	
Sehnde	1453474.198	48	
Hemmingen	1229206.433	41	
Laatzen	2070393.747	69	
Pattensen	1282168.831	43	
Springe	1973195.191	66	
Wennigsen	889086.3833	30	
总计		1198	9.65

配送区域 Hannover（Nord）Nordhafen

城镇	L	汽车[1]	油船[2]
Garbsen	3495258.982	117	
Isernhagen	1935512.369	65	
Langenhagen	3894217.816	130	
Neustadt	3236284.914	108	
Wedemark	2232404.371	74	
Burgdorf	1719934.569	57	
Burgwedel	1546277.417	52	
Uetze	1544759.961	51	
总计		654	5.27

配送区域 Seelze Hafen

城镇	L	汽车[1]	油船[2]
Barsinghausen	2002114.218	67	
Seelze	1692341.763	56	
Wunstorf	2557881.682	85	
Gehrden	917788.1308	31	
总计		239	1.93

备注

一次物流的运输总量按照标准油船计算3000 t（=3726708.07 L）
（汽油和柴油的平均密度 0.805 L/cm³）
每辆油罐车（汽车）的平均容量为30.000 L
1: 所需油罐车（汽车）配送数量
2: 所需油船配送数量

附录 B.56　汉诺威地区汽车二次物流运输距离与城镇代码（优化后的油库位置）

	Garbsen (1)	Hannover (2)	Hemmingen (3)	Isernhagen (4)	Langenhagen (5)	Ronnenberg (6)
配送区域1 油库Hannover Brink Hafen	11.20km	5.80km	14.90km	10.80km	4.60km	19.40km
	Seelze (7) 13.00km	Wedematk (8) 14.10km				
配送区域2 油库Misburg Hafen	Burgdorf (9) 21.60km	Burgwedel (10) 22.50km	Laatzen (11) 15.20km	Lehrte (12) 11.70km	Pattensen (13) 20.60km	Sehnde (14) 13.20km
	Uetze (15) 37.30 km					
配送区域3 油库Wunstorf Kolenfeld Hafen	Barsinghausen (16) 14.60km	Gehrden (17) 20.70km	Neustadt (18) 16.10km	Springe (19) 38.50km	Wenningsen (20) 21.60km	Wunstorf (21) 3.00km

附录 B.57　汉诺威地区仿真中的运输工具数量／月

配送区域Hannover Brink Hafen 城镇	L	汽车[1]	油船[2]
Garbsen	3495258.982	117	
Hannover	22882158.85	763	
Hemmingen	1229206.433	41	
Isernhagen	1935512.369	65	10.43
Langenhagen	3894217.816	130	
Ronnenberg	1466177.384	49	
Seelze	1692341.763	56	
Wedemark	2232404.371	74	
总计		1295	

配送区域 Misburg Hafen 城镇	L	汽车[1]	油船[2]
Burgdorf	1719934.569	57	
Burgwedel	1546277.417	52	
Laatzen	2070393.747	69	
Lehrte	2670117.566	89	3.30
Pattensen	1282168.831	43	
Sehnde	1453474.198	48	
Uetze	1544759.961	51	
总计		409	

配送区域Wunstorf Kolenfeld Hafen 城镇	L	汽车[1]	油船[2]
Barsinghausen	2002114.218	67	
Gehrden	917788.1308	31	
Neustadt	3236284.914	108	
Springe	1973195.191	66	3.12
Wennigsen	889086.38	30	
Wunstorf	2557881.682	85	
总计		387	

备注

一次物流的运输总量按照标准油船计算3000 t（=3726708.07 L）（汽油和柴油的平均密度0.805 L/cm³）

每辆油罐车（汽车）的平均容量为30.000 L

1：所需油罐车配送数量（汽车）

2：所需油船配送数量

附录 B.58 鲁尔区实际油库位置（深色为水路）

附录 B.59　鲁尔区优化后油库位置（深色为水路）

附录 B.60 汉诺威地区实际油库位置（深色为水路）

附录 B.61　汉诺威地区优化后油库位置（深色为水路）

参考文献

[1] Baumgarten H, Darkow I L, Zadek H, 2004. Supply Chain Steuerung und Services: Logistik-Dienstleister managen globale Netzwerke-Best Practices. Berlin: Springer.

[2] Beck R J, 1997. Worldwide Petroleum Industry Outlook: 1998—2002 Projection to 2007. 14nd ed. Tulsa: PennWell.

[3] Bowersox J D, 1974. Logistical Management. New York: Macmilla.

[4] Corsten H H, Gössinger R, 2001. Einf ü hrung in das Supply Chain Management: Lehr-und Handbücher der Betriebswirtschaftslehre. München: Oldenbourg.

[5] Christopher M, 2005. Logistics and Supply Chain Management: Creating Value-Adding Netzworks.3nd ed. Dorchester: Prentice Hall.

[6] Dunnivant M F, Anders E, 2006. A Basic Introduction to Pollutant Fate and Transport: An Integrated Approach with Chemistry, Modeling, Risk Assessment and Environmental Legislation. Hoboken: John Wiley.

[7] Evans R, Danks A, 1998. Strategic Supply Chain Management: Creating Shareholder Value by aligning Supply Chain Strategy with Business Strategy. Burlington: Gower House.

[8] Farahani Z R, Hekmatfar M, 2009. Facility Location, Concepts, Models, Algorithms and Case Studies. Heidelberg: Physica-Verlag.

[9] Frank D, Elliot A, 2006. A basic introduction to pollutant fate and transport: an integrated approach with chemistry, modeling, risk assessment and environmental legislation. Hoboken: Wiley.

[10] Handfield B R, Nichols L E, 2002. Supply Chain Redesign: Transforming Supply Chains into Integrated Value Systems. New York: Financial Times Prentice Hall.

[11] International Energy Agency, 2004. Oil crises and climate challenges: 30 years of energy use in IEA countries. Paris: OECD.

[12] Inkpen A，Moffett M H，2011. The Global Oil and Gas Industry Management. Tulsa：PennWell.

[13] International Transport Forum（2008）：Oil Dependence：Is Transport Running Out of Affordable Fuel，OECD.

[14] Kuglin F A，1998. Customer Centered Supply Chain Management：A Link-By-Link Guide.New York：AMACOM.

[15] Lambert M D，2008，Supply Chain Management：Processes，Partnerships，Performance.3nd Jacksonville：Supply Chain Management Institute.

[16] Leggett J，2005. Oil，Gas，Hot Air and the Global Energy Crisis. London：Atlantic Books.

[17] Martin C，2011. Logistics and Supply Chain Management. 4nd ed. Paris. Pearson：

[18] Moosmüller G，2004. Methoden der Empirischen Wirtschaftsforschung. München：Pearson Studium.

[19] Sinopec Group，2003. Code for Design of Oil Depot. Beijing：China Planning Press.

[20] Schulte C，2013. Logistik. Berlin：Vahlen.

[21] Schulte C，2013. Logistik：Wege zur Optimierung der Supply Chain. München：Vahlen.

[22] Stadtler H，Kilger C，2008. Supply Chain Management and Advanced Planning. 4nd ed. Berlin：Springer.

[23] Stadtler H，Kilger C，2007. Supply Chain Management and Advanced Planning：Concepts，Model，Software and Case Studies. Berlin：Springer.

[24] SimchiL D，Kaminsky P，2003. Designing and Managing the Supply Chain：Concepts，Strategies and Case Studies. 2nd ed. New York：McGraw-Hill/Irwin.